चिरंजीव-
हिरण्मयी
आणि
पिनाकिन
यांना-

ज्ञानदीप

निरंजन घाटे

मेहता पब्लिशिंग हाऊस

Please contact us at **Mehta Publishing House,** Pune 411030.

Email : production@mehtapublishinghouse.com

Website : www.mehtapublishinghouse.com

◆ *या पुस्तकातील लेखकाची मते, घटना, वर्णने ही त्या लेखकाची असून त्याच्याशी प्रकाशक सहमत असतीलच असे नाही.*

DNYANDEEP by **NIRANJAN GHATE**

ज्ञानदीप : निरंजन घाटे / विज्ञानविषयक

Email : author@mehtapublishinghouse.com

© निरंजन घाटे

प्रकाशक   : सुनील अनिल मेहता, मेहता पब्लिशिंग हाऊस,
               १९४१ सदाशिव पेठ, माडीवाले कॉलनी, पुणे – ४११ ०३०

मुखपृष्ठ   : चंद्रमोहन कुलकर्णी

प्रकाशनकाल: मे, १९८७ / ऑगस्ट, १९९२ / जानेवारी, १९९४ /
               सप्टेंबर, १९९७ / जानेवारी, २००७ / मार्च, २०१० /
               पुनर्मुद्रण : डिसेंबर, २०१८

P Book ISBN 9788177667684

E Book ISBN 9788171617340

E Books available on :   play.google.com/store/books
                         www.amazon.in

❑ **निवेदन :**

ज्ञानदीप मी १९८२-८३ मध्ये लिहिलं.

त्या आधी अशाच प्रकारचं एक छोटं पुस्तक

मी लिहिलेलं होतं.

नागपूर रेल्वे स्थानकावर 'टेल मी व्हाय', 'मोअर टेल मी व्हाय',

'स्टिल मोअर टेल मी व्हाय' अशी पुस्तकं बघितली आणि घेतलीही.

त्यांतल्या प्रश्नोत्तरांचे भारतीय रूप आपण करावे, असं मला वाटलं.

ही पुस्तकं म्हणजे ज्ञानाचा खजिनाच होता.

त्यातूनच पहिलं छोटं पुस्तक तयार झालं.

पुढे दिल्लीहून अशाच धर्तीचं निघालेलं एक पुस्तक बघितलं.

त्यात भरपूर चुका होत्या.

आपल्याकडची बरीच उदाहरणं देणं शक्य असून ती देण्यात आली नव्हती.

तेव्हा आपण आणखी एकदा उरलेले प्रश्न आणि उत्तरं पाहून, त्यातून

आपल्याला आवडतील ते प्रश्न मराठीत आणायचं मी ठरवलं.

पुस्तकाचं लेखनही पार पडलं पण नंतर ते मागं पडलं.

पुढे त्यात चित्रंही छापावीत असं ठरलं. त्याप्रमाणे ती काढून घेण्यात

आणखी वेळ गेला.

मग कालबाह्य घटना काढणे, नव्या माहितीची भर घालणे यात आणखी

थोडा वेळ गेला आणि आता हे पुस्तक छापून तयार झालंय.

याला अनुक्रमणिका नाही कारण कुठल्याही पानावर उलगडून ते वाचावं,

काहीतरी माहिती मिळेल.

हे पुस्तक माझ्याकडून लिहून घेण्याचं श्रेय अनिल मेहतांचं आहे.

याचा आवर्जून उल्लेख करायला हवा.

❑ **पाचव्या आवृत्तीच्या निमित्ताने**

ज्ञानदीपची पाचवी आवृत्ती निघते आहे, याचा मला अतिशय आनंद होत आहे.

हे पुस्तक प्रसिद्ध झाल्यावर मला अनेक वाचकांनी अभिनंदन करणारी

पत्रे पाठवली व त्यात हे पुस्तक मुलांनाच नव्हे तर शंका विचारणाऱ्या

मुलांच्या पालकांना फार उपयोगी ठरतंय, असं कळवलं होतं, यामुळे

दिवसेंदिवस पालकांना शंका विचारणारी मुलं वाढोत असं मी म्हणेन.

ज्यांना आधीच्या आवृत्ती आवडल्या त्या सर्वांचे आभार.

निरंजन घाटे

जिभेला खरंच किती महत्त्व असते?

मला वाटते, बादशहा बिरबलाच्या गोष्टींपैकी किंवा अशाच जुन्या चातुर्यकथांपैकी कुठल्यातरी कथांमध्ये 'मानवाचा सर्वांत महत्त्वाचा अवयव कोणता?' असा एक प्रश्न आहे आणि या प्रश्नाला बिरबल किंवा तत्सम चतुर व्यक्ती उत्तर देते, 'जीभ', आणि पुढं जिभेच्या चातुर्याचं वगैरे वर्णन आहे. अगदी सुरुवातीला आदिमानवाकडे आत्मसंरक्षणार्थ जी हत्यारे होती त्यांत जिभेचा समावेश करायला हरकत नाही; कारण त्या काळात मानव एखादा पदार्थ खाण्यायोग्य आहे की नाही, हे त्या पदार्थाची चव घेऊन ठरवत असे.

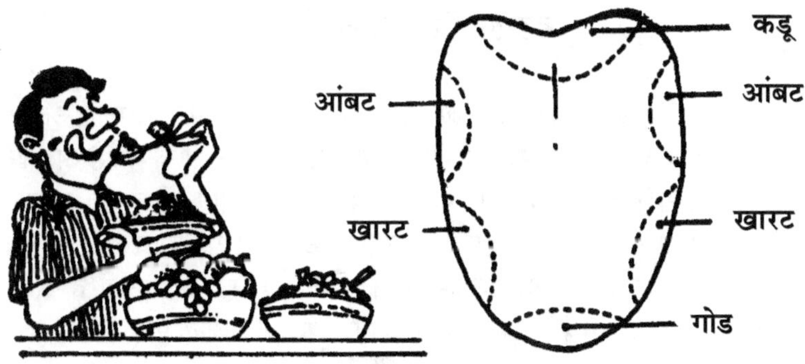

आपल्या पंचेंद्रियांत दृष्टी, वास, स्पर्श, ध्वनी आणि चव यांचे ज्ञान करून देणाऱ्या अनुक्रमे डोळा, नाक, त्वचा, कान आणि जीभ यांचा समावेश आहे. आपली जीभ निरोगी स्वरूपात लालसर गुलाबी किंवा लाल रंगाच्या इतर वर्णछटांत असते. ती घशाजवळ चिकटलेली तर पुढच्या बाजूला सुटी व निमुळती असते.

आपण जर जिभेवरून हात फिरवला तर आपली जीभ खरखरीत असल्याचे आपल्या लक्षात येते. पाळीव प्राणी आपले हात चाटतात तेव्हा त्यांची जीभही आपल्यासारखीच खरखरीत असते हे कळते. आपल्या जिभेवर सूक्ष्म उंचवटे असतात. यांचाच आपल्याला चव कळण्यासाठी उपयोग होतो. या उंचवट्यांचे चार प्रकार असतात. ते जिभेच्या चार भागांवर पसरलेले असतात. हे जिभेच्या कडेने

असतात. जिभेच्या मध्यावर चव-उंचवटे नसतात.

आपण अन्न तोंडात ठेवल्यावर ते लाळेत भिजते व तोंडभर पसरते. त्यामुळे आपल्याला पदार्थाची चव कळते, हे सांगायला फार सोपे आहे. पण प्रत्यक्षात यात रासायनिक प्रक्रिया होतात, त्यांचे विश्लेषण चेतासंस्थेमार्फत मेंदूपर्यंत पोचते नि मग आपल्याला चव कळते.

तोंड येणे, अपचन, दुखापत यांमुळे चव-उंचवट्यांना इजा पोचते किंवा ते अकार्यक्षम होतात. खूप गरम पदार्थ, अतिथंड पदार्थ यांमुळेही हे उंचवटे अकार्यक्षम बनतात. अशा वेळी आपल्याला पदार्थाची चव कळत नाही.

सर्वसाधारण निरोगी माणसाच्या जिभेवर ३००० उंचवटे असतात. लहान मुलाच्या जिभेवर हळूहळू ही संख्या वाढत जाते, तर म्हातारपणी ती कमी कमी होते. आपल्याला जर पदार्थांची चव कळली नसती तर स्वादिष्ट पक्वान्ने, आणि चमचमीत पदार्थ यांच्याकडे आपण बघितलेच नसते. जिभेमुळेच आपल्याला खाण्याचा शौक करता येतो.

घुबडाला रात्री कसे दिसते?

घुबड हा निशाचर पक्षी आहे. ह्या पक्ष्याबद्दल अनेक गैरसमज पसरलेले आहेत. याचे कारण त्याचे डोळे चेहऱ्याच्या पुढच्या बाजूला असतात. ते खूप मोठे असतात आणि घुबड रात्री-अपरात्री हिंडते म्हणून आपल्याला त्याची भीती वाटत असते.

खरे तर घुबडाचे रात्री-अपरात्री वावरणे हे आपल्या फायद्याचेच आहे. एक घुबड एका रात्रीत दहा मांजरांचं काम करते. शिवाय मांजर खात नाही ते अनेक प्राणी घुबड खाते. चिचुंद्री, घूस, उंदीर, मोठे कीटक, छोटे साप, चिमण्या हे घुबडाचे अन्न.

घुबड

आपल्या धारदार नख्यांनी ते भक्ष्य पकडते. अर्थात यासाठी घुबडाला तीक्ष्ण दृष्टी आवश्यक असते. यासाठी घुबडाच्या डोळ्यांची रचना निसर्गानेच अशी केली आहे की, त्याला अंधुकातला अंधुक प्रकाशसुद्धा दिसावा. घुबडाच्या डोळ्यांतील दृक्-पटलांतल्या खास पेशींची (Rods and Cones) संख्या माणसाच्या डोळ्यातील दृक्पटलापेक्षा पाच पट असते. त्याचे दृक्पटल आपल्यापेक्षा मोठेही असते आणि मुख्य म्हणजे निसर्गतःच आपण ज्याप्रमाणे दुर्बिणीचे भिंग पुढे-मागे हलवून प्रतिमा स्पष्ट दिसेल अशी व्यवस्था करतो त्याप्रमाणे प्रतिमा स्पष्ट करण्याची त्यामध्ये सोय असते. यामुळे बुबुळ व दृक्पटल यांच्यातले अंतर कमी-जास्त होऊ शकते. याशिवाय घुबड आपल्यापेक्षा जास्त रंगलहरी बघू शकते. त्याला आपल्याला दिसणाऱ्या वर्णपटातल्यापेक्षा पलीकडच्या म्हणजे उपारूण (Infrared) लहरी दिसतात. यामुळे घुबड अंधारातही शिकार करू शकते. त्याच्या दृष्टीला याशिवाय तीक्ष्ण कानांची साथ मिळते. जे आवाज आपल्याला कळतसुद्धा नाहीत ते आवाज घुबड स्पष्टपणे ऐकू शकते आणि मग आपली प्रभावी नजर त्या दिशेने वळवून ते भक्ष्याचा वेध घेते.

मुंग्यांचं वारुळ-एक आदर्श वसाहत.

मुंग्यांचं जग हे एक अद्भुत विश्व आहे. या जगात शहरे असतात, राजमार्ग असतात. राजे, राण्या, गुलाम असा संस्थानिक थाटही असतो. त्यांचे खडे सैन्य असते. ते महाभयंकर असते. लष्करी मुंगी नावाचा एक मुंग्यांचा प्रकार आहे. या मुंग्या स्थलांतर करताना वाटेत हत्ती आला तर हत्तीही पळ काढतो. मुंग्यांचे सैन्य वाटचाल करतच राहते.

मुंग्यांचे दोन ते अडीच हजार वेगवेगळे प्रकार आहेत. यांतली मोठ्यात मोठी मुंगी सुमारे ८ सें.मी. असते, तर छोट्यात छोटी मुंगी २ मि.मी.हून लहान असू शकते. मुंग्यांची आपापसात युद्धे होत असतात. या युद्धात पराभूत मुंग्यांची अंडी विजेत्या मुंग्या पळवतात नि या अंड्यांतून बाहेर पडणाऱ्या मुंग्या जन्मभर गुलाम म्हणून राबतात.

मुंग्यांच्या वारुळात अंडीघर, साठवणघर, शेती करणाऱ्या मुंग्या, एवढेच नव्हे, तर गोशाळा सुद्धा आढळून येतात. या गोशाळेत गोड, चिकट स्राव द्रवणाऱ्या अळ्या असतात. त्यांचा स्राव हे मुंग्यांचं दूध. त्यांची काळजी घ्यायला गुराखी मुंग्या हजर असतात.

संकटकाळी काय करायचे हेही आधी ठरवलेले असते. त्याप्रमाणे आधी अंडी, मग अन्नसाठा व मग राणी अशा तऱ्हेने हे स्थलांतर होत राहते.

हिमनग पाण्यावर का तरंगतात?

हिमनग म्हणजे बर्फाचे मोठे तुकडे. बर्फ पाण्यावर तरंगताना आपण बघतो. आर्किमिडीजचा सिद्धांत आपल्याला ठाऊक आहेच. जर एखाद्या वस्तूचं वजन त्या वस्तूने बाजूला सारलेल्या पाण्याच्या वजनापेक्षा कमी असेल किंवा तेवढंच असेल तर ती वस्तू पाण्यावर तरंगते. याउलट बाजूला सारलेल्या पाण्याच्या वजनापेक्षा या वस्तूचं वजन जास्त असेल तर ही वस्तू बुडते.

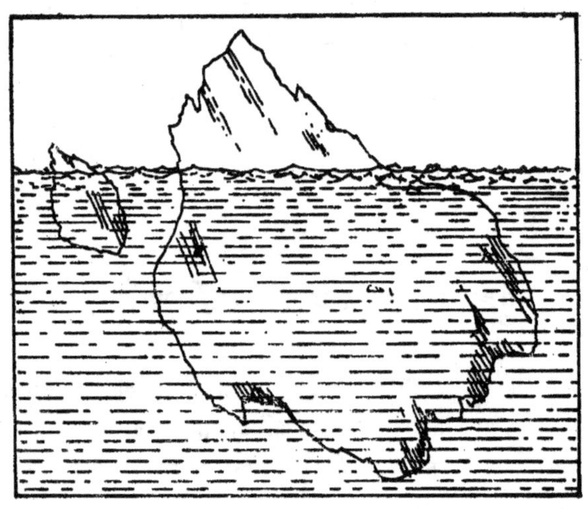

हिमनग

बर्फ म्हणजे घन पाणी. घन अवस्थेत पदार्थाचे रेणू एकमेकांच्या जवळ येतात. त्यामुळे पदार्थ आकुंचन पावला, असे म्हटले जाते. उष्णतेने पदार्थ प्रसरण पावतो. बर्फ प्रसरण पावले की, त्याचे पाणी होते. आकुंचन पावून घन झालेल्या पदार्थाचे वजन प्रसरण पावलेल्या द्रव स्थितीतील वजनापेक्षा जास्त असते हा झाला नियम. पण घन बनताना पाण्याचे आकुंचन होण्याऐवजी प्रसरणच होते (पाण्याचे ४ अंश सेल्सियसलाच प्रसरण व्हायला सुरुवात होते. याला 'पाण्याचे अपवादात्मक प्रसरण' असे म्हणतात). यामुळे तयार झालेल्या बर्फाचे वजन पाण्याच्या ९/१० असते. यामुळे बर्फ पाण्यावर तरंगते. या तरंगणाऱ्या बर्फाचा फक्त १/१० भाग वर दिसतो. म्हणून हिमनगाचे टोक जेव्हा पाण्यावर दिसते तेव्हा त्याचा ९/१०

हिस्सा पाण्याखाली असतो. याचाच जहाजांना धोका पोचतो.

बर्फ तरंगण्याचे हे झाले प्रमुख कारण. याशिवाय बर्फ घट्ट होताना त्यात हवेचे बुडबुडे अडकतात. त्यांचाही बर्फ तरंगण्यास हातभार लागतो.

त्वचारोपण कसे करतात?

त्वचारोपणास इंग्रजीत प्लॅस्टिक सर्जरी म्हणतात. जन्मजात दोष किंवा अपघातानं विद्रूप झालेल्या माणसाला वैद्यकीय शास्त्रानं दिलेला दिलासा असेच त्वचारोपण तंत्राला म्हणता येईल. भारतात त्वचारोपण तंत्र फार खर्चिक असले तरी देवीचे व्रण, जन्मजात फाटलेले ओठ, वेडीवाकडी नाके सरळ करणे आदी कामी या तंत्राचा उपयोग होऊ शकतो. पाश्चिमात्त्य देशांत तर या तंत्राला 'कॉस्मेटिक सर्जरी' किंवा 'सौंदर्यवर्धनासाठी केलेली शस्त्रक्रिया' असेच म्हटले जाते. भारतात पूर्वीच्या काळी तोडलेले नाक बसविण्यासाठी या तंत्राचा उपयोग केला जात असे असेही पुरावे उपलब्ध झालेले आहेत.

त्वचारोपणासाठी शरीराच्या निरोगी भागावरची; बहुधा मांडी किंवा दंडावरची त्वचा सोडवली जाते. मग ही त्वचा त्वचेची आवश्यकता असलेल्या भागावर चिकटवली जाते. तिथे या त्वचेने मूळ धरताच ही मांडी किंवा दंड यावरून वेगळी जाते आणि काही दिवसांनी रुग्ण जणू काही आपल्याला काही झालेच नव्हते अशा तऱ्हेने समाजात वावरू शकतो. आता पूर्वीप्रमाणे विद्रूप चेहऱ्याच्या माणसाला मानहानी पत्करावी लागत नाही. त्वचारोपण त्याला नवे आयुष्यच प्राप्त करून देते.

बोलणे हा फक्त मानवी गुणधर्म आहे काय?

या प्रश्नाचं उत्तर होकारार्थी किंवा नकारार्थी असे दोन्ही प्रकारे आपण देऊ शकतो. यासाठी बोलणे म्हणजे काय याची आधी व्याख्या करायला हवी. आपण बोलतो म्हणजे विशिष्ट प्रकारचे ध्वनी विशिष्ट प्रकारच्या पद्धतीने निर्माण करतो. त्यांना ठराविक अर्थ असतात. याला बोलणे म्हणायचे तर डॉल्फिन, देवमासे, माकडे, कावळे हे बोलतात, असे म्हणावे लागेल. हे म्हणजे लहानशा टेकडीची माऊंट एव्हरेस्टशी तुलना करण्याचा प्रकार ठरेल. परंतु त्यांच्या वेगवेगळ्या ध्वनींची विविधता व आपले शब्द यांच्यात तुलनाच होऊ शकत नाही.

सर्वच प्राणी आनंद, दुःख, चीड आदी मूलभूत भावना, विशिष्ट आवाज व हावभाव यांच्या सहाय्यानं व्यक्त करतात. ज्यांनी घरात मांजर किंवा कुत्रे पाळलेय,

त्यांना हे लगेच लक्षात येईल. पण मानवी घशात 'स्वरयंत्र' नावाचा अवयव आहे. जीभ, ओठ आणि दात यांच्या सहाय्याने या यंत्रातून येणाऱ्या-जाणाऱ्या हवेचे नियंत्रण करून आपण निरनिराळे ध्वनी निर्माण करतो, हेच आपले बोलणे. स्वरयंत्र ही निसर्गाने फक्त मानवालाच दिलेली खास देणगी आहे. त्या अर्थानं फक्त आपणच बोलतो. बाकीचे प्राणी बोलतात असे आपण म्हणू शकत नाही.

स्मृतिभ्रंश कशामुळे होतो?

अपघाताने किंवा अतिशय दुःखदायक बातमी ऐकल्यामुळे काही माणसांना एकाएकी विस्मरणबाधा होते. कित्येकदा तर त्यांना आपल्या भूतकाळातली एकही गोष्ट आठवेनाशी होते. ते कधी कधी आपले नावगावही विसरतात. ही विस्मरणबाधा किंवा स्मृतिभ्रंश (ज्याला इंग्रजीत ॲम्नेशिया म्हणतात) कशामुळे होतो?

मेंदूस दुखापत, मानसिक धक्का, आत्यंतिक दमणूक, औषधींचा परिणाम, अतिमद्यपान, मादक अमली पदार्थांचे सेवन, म्हातारपण किंवा मानसिक आजार यांमुळे ही बाधा येते. पण कारणे अनेक असली तरी मेंदूवर झालेल्या एखाद्या विशिष्ट परिणामामुळेच अखेरीस विस्मरण होत असते. मेंदूत एका विशिष्ट भागात स्मरणकेंद्र आहे. मेंदूतल्या चेतापेशी आठवणी साठवत असतात. त्यातली नक्की कुठली आठवण कुठल्या वेळी जागृत करायची हे या स्मरणकेंद्राचे काम आहे. यांतल्या स्मरणकेंद्रास दुखापत झाली तर मग अजिबात काहीच आठवत नाही. हे तिजोरीची किल्ली हरवण्यासारखं आहे. म्हणजे आठवणी आहेत पण त्या जागृत करायचा मार्गच नाही, पण जर मेंदूच्या एखाद्या भागाला दुखापत झाली किंवा विशिष्ट घटनेच्या चेतापेशींना दुखापत झाली तर काही घटनाच स्मरणातून तात्पुरत्या पुसल्या जातात. हा पाकीट मारण्याचा प्रकार झाला. खिशातले पैसे गेले, पण बाकीचे सुरक्षित राहिले. अशा प्रकारे आठवण जाण्याचे प्रकार अतिशय भीती किंवा दुःख यामुळे बऱ्याच वेळा घडतात. कालांतराने असे विस्मरण नाहीसे होत असते नि पुन्हा पूर्वीच्या घटना आठवू लागतात.

दाढी-मिशा फक्त पुरुषांनाच का असतात?

माणूस हा एक सस्तन प्राणी आहे. सस्तन प्राण्यांचं वैशिष्ट्य म्हणजे त्यांच्या अंगावर जन्मजात असणारे केस. हे असे केस, ज्याला आपण लव म्हणतो ते स्त्रियांच्या अंगावरही असतात. उत्क्रांती होताना मानवात जे अनेक गुणधर्म उत्पन्न

झाले त्यांत नर आणि मादी किंवा पुरुष आणि स्त्री यांच्यामध्ये फरक दाखविणारे काही गुणधर्महि होते. हे सर्व प्राण्यांत आढळतात. पक्ष्यांतही आढळतात. त्यांचे

उत्तम उदाहरण म्हणजे सिंहाची आयाळ, मोराचा पिसारा वगैरे.

लहानपणी हे फरक दिसून येत नाहीत, पण १२ ते १४ वर्षांच्या दरम्यान मुलांमध्ये आणि मुलींमध्ये फरक दिसू लागतो. याला कारण म्हणजे आपल्या शरीरात स्रवणारे संप्रेरक अथवा हार्मोन्स नावाचे द्रव पदार्थ. मानवी पुरुषांत या वयात अँड्रोजेन नावाचा पदार्थ निर्माण होतो. यामुळे मुलाचा आवाज फुटणे, त्याला दाढी-मिशा येणे असा दृश्य बदल होतो. याउलट मुलीच्या शरीरात इस्ट्रोजेन या हार्मोनची निर्मिती होते. त्यामुळे तिच्या छातीचा व नितंबाचा आकार बदलतो. तसेच या काळात तिची मासिक पाळी सुरू होते.

या संप्रेरकांच्या निर्मितीत काही गडबड झाली तर मात्र स्त्रीला दाढी-मिशा येतात तर मुलगा बायकी वागताना दिसतो.

संमोहन म्हणजे काय?

आपण एखाद्या माणसानं दिलेली आज्ञा खुळ्यासारखी विचार न करता, विनातक्रार पाळली नि फसवले गेलो की मग म्हणतो त्या माणसाने काय मोहिनी घातली काही कळत नाही! मोहिनी विद्या भारतात फार पूर्वीपासून अस्तित्वात आहे, असे म्हटले जाते. पण आधुनिक संमोहन शास्त्राचा जन्म एकोणिसाव्या शतकात युरोपमध्ये झाला, असे म्हटले जाते. या शोधाचे जनक डॉ. मेस्मर. यामुळे सम्मोहन विद्येस 'मेस्मेरिझम' असेही म्हटले जाते.

संमोहनाच्या अमलाखाली एखादी व्यक्ती सम्मोहन करणाऱ्या माणसाच्या पूर्ण ताब्यात जाते. मग ती व्यक्ती कितीही गुप्त गोष्ट असो, ती सांगून टाकते आणि दिलेली आज्ञा पाळते. यासाठी संमोहनाच्या अमलाखाली जाणाऱ्या व्यक्तीची संमती असावी लागते. तरच संमोहनाचे प्रयोग यशस्वी होतात. संमोहनाचा प्रयोग

संमोहन म्हणजे काय?

करणारी व्यक्ती समोरच्या व्यक्तीला आरामात बसून सर्व गात्रे शिथिल करायला सांगते. ही मानसिक शैथिल्याची अवस्था प्राप्त होत असतानाच त्या व्यक्तीला आपले लक्ष एखाद्या तालबद्ध आवाजावर किंवा झगमगणाऱ्या प्रकाशावर केंद्रित करायची आज्ञा दिली जाते आणि हळूहळू ती व्यक्ती संमोहनात प्रवेश करते.

सध्या वैद्यकशास्त्रात संमोहनाचा उपयोग करून घेतला जातो. याशिवाय मनोविश्लेषणासाठीही संमोहन उपयोगात आणले जाते. अमेरिका व रशियन गुप्तहेर खात्यांतूनही संमोहनाखाली गुप्तहेरांना माहिती देणे व त्यांच्याकडून ती मिळविणे असे प्रयोग करण्यात येतात.

वाळवंटात सजीव कसे जगतात?

जिथे भरपूर वाळू असते नि पाण्याचा अभाव असतो अशा प्रदेशास वाळवंट म्हणतात. प्रचंड तापमान आणि पाण्याचा अभाव यामुळे वाळवंटात जगणे ही सजीवांची कसोटीच असते. विशेषत: वाळवंटी प्रदेशात दिवसाचे तापमान व रात्रीचे तापमान यांच्यात खूप मोठा फरक असतो. शिवाय वारेही खूप वेगाने वाहतात. असे असूनही वाळवंटात भरपूर प्राणिजीवन असते.

'टोळ' हा मानवाचा शत्रू आपली अंडी वाळवंटातच घालतो. याशिवाय अनेक सरपटणारे प्राणी, विंचू, लांडगे, कोल्हे, हरण, मुंगूस, नाना प्रकारचे उंदीर,

शिकारी पक्षी, घुबडे, वाळवी व इतर कीटक वाळवंटात आढळून येतात. या सर्व प्राण्यांना आपल्या भक्ष्यांच्या शरीरातून मिळणारे पाणी पुरेसे होते. हे प्राणी अतिशय थोडी लघवी करतात, तसेच त्यांना विशेष घामही येत नाही.

वाळवंटातलं जहाज समजला जाणारा उंट हा आपल्या वशिंडातल्या चरबीच्या साठ्याच्या जोरावर वाळवंटात प्रवास करतो. तो ३० ते ३५ गॅलन पाणी एका वेळेस पितो. उंटाच्या जातीवर अवलंबून ही गाणी पिण्याची क्षमता कमी-जास्त होते.

वाळवंटातल्या वनस्पती पाण्याची वाफ होऊ नये म्हणून निरनिराळ्या युक्त्या योजतात. यात खोडानेच पानाचे काम करणे, पानाचे काटे होणे असे प्रकार असतात. यामुळे पाने कमी होऊन पाण्याची वाफ होऊन हवेत जाणे हे त्याप्रमाणात कमी होते. या झाडाची मुळे खूप खोलवर जातात. यामुळेही या वनस्पती पाणी मिळविण्यात यशस्वी होतात.

कुत्री का पिसाळतात?

पिसाळलेला कुत्रा किंवा कुठलाही कुत्रा म्हटला की, पहिल्यांदा आपल्याला पोटात घ्यावी लागणारी चौदा इंजेक्शन्स आठवतात. ही इंजेक्शन्स आपण घेतो, याचे कारण कुत्र्याच्या लाळेत 'रेबीज' नावाच्या रोगाचे जंतू असतात. हे आपल्या रक्तात मिसळले तर आपल्याला 'हायड्रोफोबिया' होतो. म्हणजे

पाण्याची भीती वाटू लागते आणि वेळीच उपचार झाले नाहीत तर रुग्ण दगावतो. शेवटच्या अवस्थेत माणसाचा घसा सुजतो. त्याला श्वासही घेणं अवघड होतं. त्यामुळे जी घरघर लागते त्यालाच लोक माणूस कुत्र्यासारखा भुंकू लागला असे म्हणतात.

कुत्र्याला 'रेबीज' कसा होतो? हे पाहण्यासारखं आहे. माणसाचा जवळचा मित्र मानला गेलेल्या कुत्र्याच्या शरीरात रेबीजचे विषाणू शिरतात, ते दुसरे पिसाळलेले कुत्रे चावल्याने किंवा हवेतून एखाद्या जखमेवाटे. बाधा झाल्यानंतर ४ ते ६ आठवड्यांनंतर या विषाणूंचा परिणाम कुत्र्यावर दिसून येतो. या काळात हळूहळू कुत्रे आळशी बनत जाते. त्याला ताप येतो. त्याची अन्नावरची वासना उडते. हळूहळू हे विषाणू कुत्र्याच्या मेंदूवर परिणाम करतात. ते उत्तेजित बनते. त्याच्या तोंडून लाळ गळू लागते. ते गुरगुरते, विव्हळत भुंकते. यानंतर त्याला मारणेच श्रेयस्कर. अर्थातच नाहीतरी ते ३ ते ५ दिवसांत मरतेच.

कुठलेही कुत्रे चावले तरी डॉक्टरांकडून रेबीजविरोधी औषधे टोचून घेणे इष्ट ठरते. कुत्रे चावल्यावर जी १४ इंजेक्शन्स घ्यायची ती वेगवेगळ्या १४ विषाणूंविरोधी असतात. हे विषाणूजन्य रोग वटवाघळे, मांजरे, उंदीर, कोल्हे आदी प्राण्यांच्या चावण्यामुळेही होऊ शकतात.

हे रोग पसरू नयेत म्हणून भटक्या कुत्र्यांचा नायनाट करणे व पाळीव कुत्र्यांना रेबीज-प्रतिबंधक लस टोचणे हे श्रेयस्कर ठरते.

इंद्रधनुष्य का दिसते?

पावसाळ्यात किंवा इतर वेळी पावसाळी हवा असताना इंद्रधनुष्य दिसतं. कधी ते पूर्ण असतं तर कधी ते अर्धवट असतं. अगदी स्वच्छ दिसणाऱ्या इंद्रधनुष्यात सात रंग असतात. तांबडा वरती दिसतो तर जांभळा तळाला दिसतो. काही वेळा दोन इंद्रधनुष्येही दिसतात.

इंद्रधनुष्य बहुधा सूर्याच्या विरुद्ध दिशेलाच दिसते. काही वेळा मात्र सूर्याभोवती किंवा कधी कधी चंद्राभोवती, कधी स्वच्छ पांढरे तर कधी रंगीत वर्तुळ दिसते. याला आपण खळं म्हणतो. या खळ्याबद्दल अनेक गैरसमजुती आहेत.

सूर्यप्रकाश आपल्याला पांढरा दिसतो पण तो सात रंगांचे मिश्रण आहे हे न्यूटनच्या सप्तरंगी तबकडीच्या प्रयोगावरून आपल्या लक्षात येते. लोलकातून

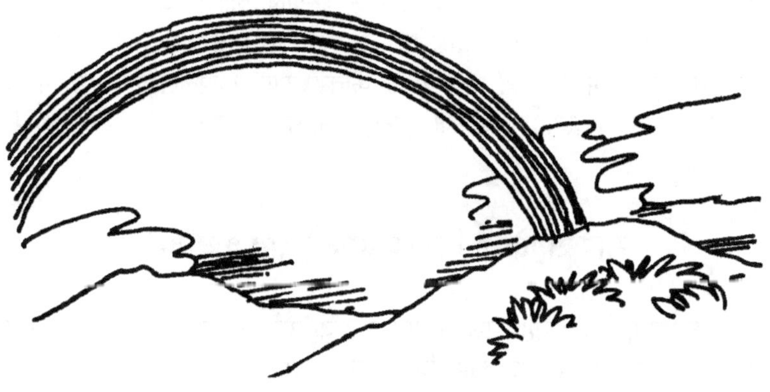

पांढरा प्रकाश जातो, त्याचा सात रंगी वर्णपट आपण भिंतीवर बघतो. हे प्रकाशातल्या रंगछटांच्या वेगवेगळ्या कोनांनी होणाऱ्या वक्रीभवनामुळे होते. आकाशात ढग आल्यावर, ढगांतले हिमकण व पावसाचे थेंब लोलकाचीच कामगिरी करतात. यामुळे आपल्याला इंद्रधनुष्य दिसते.

जेव्हा दोन इंद्रधनुष्यं दिसतात तेव्हा दुसरं इंद्रधनुष्य हे फिक्कट असतं आणि त्याचे रंग पहिल्या इंद्रधनुष्याच्या उलट्या क्रमानं असतात. थोडक्यात म्हणजे हे इंद्रधनुष्य पहिल्याची दर्पण प्रतिमा असते.

खळं हे सूर्य किंवा चंद्र आणि आपण यांच्यामध्ये जल किंवा हिमकणयुक्त ढग आल्यामुळे पडलेल इंद्रधनुष्यच. पण सूर्य किंवा चंद्र आणि आपण यांच्यामध्ये हा

ढग असतो आणि बरेचदा सूर्य वा चंद्र आकाशात मध्यावर असताना हे घडते. यामुळे खळं गोल दिसतं.

प्राण्यांना तुटलेले अवयव पुन्हा का येतात?

पालीला फटका मारला तर पाल पळून जाते. मात्र बरेचदा असे दिसते की, पालीची शेपूट तुटून मागे राहते आणि ती बराच वेळ वळवळ करते. त्यामुळे पालीवर झडप मारणाऱ्या प्राण्याचे लक्ष त्या शेपटीकडे जाते नि पालीला पळून जायला वेळ मिळतो. काही दिवसांनी पालीला पुन्हा नवीन शेपूट फुटते. याला शास्त्रीय भाषेत 'पुनरुद्भवन' असे म्हणतात. म्हणजे झाडाची फांदी खुडली की तिथून दुसरी फांदी उगवण्याचाच हा प्रकार असतो.

प्राणिसृष्टीत उत्क्रांतीच्या प्राथमिक टप्प्यावर असलेल्या प्राण्यातच हे पुनरुद्भवन घडते. सस्तन प्राण्यात हे घडत नाही, असे आपल्याला वाटते पण ते घडत असते. फरक एवढाच की, आपला तोडलेला अवयव परत उगवत नाही. आपल्या शरीरातले पुनरुद्भवन घडते ते जखमेवर कातडी येणे, कापलेले केस उगवणे या प्रकारचे असते. यातल्या कातडीच्या पुनरुद्भवनाचा फायदा घेऊन प्लॅस्टिक सर्जरी केली जाते.

माणूस किती दिवस उपाशी राहू शकतो?

सजीवांना जिवंत राहण्यासाठी तीन गोष्टींची आवश्यकता असते. त्या म्हणजे हवा, पाणी व अन्न. (याला काही विषाणू व अतिसूक्ष्म सजीव अपवाद ठरतात.) काही अपवाद सोडले तर कुठलाही सजीव या तिन्हीही गोष्टींशिवाय जिवंत राहू शकत नाही. आपल्याकडे काही माणसे निर्जळी उपास करतात, पण अशा व्यक्ती फारच थोड्या. आपण नेहमीपेक्षा उशिरा जेवलो किंवा कमी खाल्ले तरी आपल्याला भुकेचा त्रास होतो. याचे कारण अन्न हे आपले इंधन आहे आणि कुठलीही यंत्रणा विनाइंधनाची कार्यरत राहू शकत नाही.

आपल्या दिवसभराच्या कामात आपले शरीर ज्या हालचाली करते, त्यासाठी लागणारी ऊर्जा अन्नामुळे मिळते. अगदी वनस्पतींनासुद्धा अन्न आवश्यक असते. अतिशीत तापमानाच्या प्रदेशात काही प्राणी उन्हाळ्यात शरीरात अन्नाचा साठा करून घेतात व हिवाळ्यात शीत निद्रा घेतात. त्या वेळेस त्यांच्या शरीरात चरबीच्या स्वरूपाचा साठलेला अन्नसाठा त्यांना ऊर्जा पुरवतो. अर्थात या काळात

हे प्राणी झोपलेले असतात. त्यांचा श्वास मंद होतो. रक्ताभिसरण जवळजवळ थांबते. त्यामुळे त्यांना ऊर्जाही कमी लागते.

माणसाच्या शरीरात अशी कुठलीही सोय नाही. यामुळे उपोषणास बसणारी माणसे १०-१५ दिवसांत हॉस्पिटलमध्ये हलवली जातात व त्यांना द्रवस्वरूपातील अन्न दिले जाते. मध्यंतरी आयर्लंडमधले काही जण आपल्या राजकीय मागण्यांसाठी उपोषणास बसले होते. यातल्या बॉबीसँड्स व त्याच्या अन्य सहकाऱ्यांचा या उपोषणातच देहांत झाला.

माणूस किती दिवस अजिबात अन्न न घेता जगू शकेल हे ज्या त्या माणसाच्या शरीररचनेवर अवलंबून आहे. मात्र २३ ते २५ दिवसांनंतर मानवी शरीरावर याचे कायम स्वरूपाचे दुष्परिणाम होतात.

द्रव पदार्थ, सोडा वॉटर, लिंबू पाणी आदी पदार्थ सेवन करून काही व्यक्ती वर्षभर जगल्याची उदाहरणे आहेत. मध्यंतरी एक बाई केवळ चहा पिऊन तीन वर्षं जगल्याची बातमी होती. अशा तऱ्हेने जगल्याचे अधिकृत उदाहरण 'गिनेस बुक ऑफ वर्ल्ड रेकॉर्ड्स' मध्ये दिले आहे. ते आहे ३८२ दिवसांचे, अँगल वॉरविएल या व्यक्तीचं. पण या काळात तो चहा, कॉफी, पाणी व सोडा वॉटर घेत होता. हा उच्चांक त्याने १९६५ मध्ये केला.

आपल्याला झोपेची आवश्यकता आहे का?

प्रत्येक यंत्राला विश्रांती लागते. एखादी पत्र्याची पट्टी सतत गागंपुढं वाकवली की तुटतो, याला कारण म्हणजे त्या पत्र्यात शीण निर्माण झाला असे म्हटले जाते. मानवी शरीरही सतत कामाने असे थकते. हा शीण वाजवीपेक्षा जास्त झाला की, आपण जांभया देऊ लागतो. हा आपला ऑक्सिजन जास्त प्रमाणात मिळवायचा

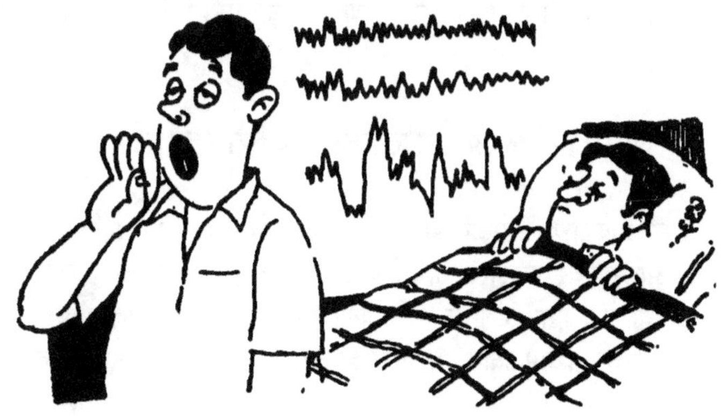

प्रयत्न असतो. अर्थात हे म्हणजे दमलेल्या बैलाला फटके मारायचा प्रकार झाला.

आपल्या पेशींमध्ये थकवा निर्माण झाला की, त्याची नोंद मेंदूत घेतली जाते. यामुळे मेंदूतून काही रसायने दमल्याचा संदेश झोपकेंद्राकडे पोहोचवतात. या झोपकेंद्राकडे हा संदेश पोहोचला की, हळूहळू विचार थंडावतात व श्रमलेले अवयव आराम करू लागतात. यालाच आपण झोप म्हणतो. झोपेत आपल्या श्वसनक्रियेत बाधा येत नाही. थोडे मंद गतीने पण हृदयाचे काम चालूच राहते. तापमान थोडे कमी होते, रक्तातल्या पेशी जागेपणी साठलेल्या अपायकारक पदार्थांचा निचरा करण्यात मग्न असतात. अर्थात आपल्यावर मानसिक दडपण असेल, तर अशी शांत झोप मात्र शक्य होत नाही हेही तितकेच खरे.

झोपेत आपण हालचाली करतोच. या हालचाली न करता झोप लागणारा माणूस विरळाच. यात कूस बदलणे ही प्रमुख प्रक्रिया. शिवाय कान खाजविणे, पाय हलवणे, हाताची घडी करणे हेही आपल्याकडून नकळत घडत राहते.

मूर्च्छा का येते?

रस्त्यात एकाएकी चक्कर येऊन कोसळणाऱ्या व्यक्ती आपण बघतो. रामचंद्र वनवासाला निघणार म्हणून कौसल्यामातेला मूर्च्छा आली हे आपण रामायणात वाचतो. कधी कधी आपला चेहराही भीतीने पांढरा पडल्याचे आपल्याला जाणवते. मुंबईच्या लोकलच्या गर्दीत प्रथमच सापडलेली व्यक्ती गुदमरून बेशुद्ध पडते किंवा आणखी थोड्या वेळात आपण बेशुद्ध पडू, असे तिला वाटू लागते. या बेशुद्ध पडण्यामागे वेगवेगळी कारणे असतात. गर्दीत हवा न मिळणे, खूप दमल्यावर पाणी न मिळणे, ऊन लागणे इ. या सर्व कारणांमुळे आपल्या मेंदूला होणारा रक्त पुरवठा, पर्यायाने ऑक्सिजनचा पुरवठा कमी होतो. यामुळे मेंदूचे कार्य मंदावते आणि मेंदूचे शरीरावर नियंत्रण उरत नाही. या घटनेचा दृश्य परिणाम म्हणजे मूर्च्छा येणे.

आपले डोळे अंधारात का चमकत नाहीत?

निशाचर प्राण्यांच्या डोळ्यांमध्ये दृक्पटलामागे खास पारदर्शक आवरण असते. या आवरणावर पडलेला अगदी थोडा प्रकाशसुद्धा परावर्तित होतो. यामुळे या प्राण्यांना अंधारात दिसायला मदत होते. या आवरणामुळेच या प्राण्यांचे डोळे अंधारात चमकतात. आपल्या डोळ्यांत असं खास आवरण नसल्यामुळे

आपले डोळे अंधारात चमकत नाहीत.

ठेंगू व अतिउंच माणसांच्या उंचीचं रहस्य काय?

सर्कस म्हटली की विदूषक आलाच. या विदूषकांच्या टोळीत एक तरी खूप बुटका विदूषक असतोच. काही वेळा एखाद्या खूप उंच माणसाची बातमी आपण वृत्तपत्रांतून वाचतो. हा असा नेहमीच्या उंचीपेक्षा अतिउंची किंवा खूप कमी उंची असा प्रकार का घडतो? देशोदेशीची माणसे त्या त्या हवामानाप्रमाणे उंच किंवा

बुटकी असतात. पठाण, बलुची किंवा पंजाबी लोक उंच, धिप्पाड म्हणून प्रसिद्ध आहेत. अमेरिकन माणूस हा भारतीय माणसापेक्षा उंच असतो. व्हिएतनामी माणसे लहान चणीची असतात तर आफ्रिकेतले पिग्मी बुटकेच असतात. हे उंचीचे प्रकार आनुवंशिक असतात. याशिवाय मुलांची उंची ही आई-वडिलांच्या उंचीवरही अवलंबून असतेच.

काही वेळा उंचीवर नियंत्रण ठेवणाऱ्या हार्मोन्सच्या निर्मितीचे संतुलन नष्ट झाल्यामुळे एकाएकी माणसांची उंची वाढते किंवा खुंटते. हे विषाणुजन्य रोगात घडते. शिवाय अस्थींचे रोग, खाण्यांतले दोष यांमुळेही मानवी उंचीवर परिणाम होतो. जेव्हा हार्मोन्सची निर्मितीच होत नाही, तेव्हा उंची वाढत नाही. पण अशा वेळेस हार्मोन्सची इंजेक्शने देऊन हा दोष दूर करता येतो.

सर्वांत लांब उडी मारणारा प्राणी कोणता?

लांबच लांब उडी मारण्याबद्दल कांगारू या प्राण्याची प्रसिद्धी आहे. काही जातींची हरणे संकटकाळी पळताना लांब उड्या मारत असली तरी नेहमीच्या त्यांच्या पळण्यात किंवा चालण्यात उडीचा समावेश नसतो. कांगारू, वालाबी, कांगारुसमउंदीर हे तीन प्राणीच नेहमी चालताना उड्या मारत चालतात. याचे कारण

त्यांच्या शरीराची रचना. या प्राण्यांचे मागचे पाय खूप लांब असतात तर पुढचे पाय खूप आखूड असतात. याशिवाय त्यांचं शेपूट बळकट असतं. या शेपटाचा बसताना आधार व उडी मारताना तोल सांभाळण्यासाठी उपयोग होतो.

कांगारू हे प्राण्यांच्या शिशुधानी प्रकारात मोडतात. या शिशुधान वर्गीय प्राण्यांना आपली बालके सांभाळण्यासाठी पोटाला एक पिशवी असते. नुकतेच जन्मलेले बालक या पिशवीत सुरक्षित असते. हे शिशुधानी प्राणी ऑस्ट्रेलियात आढळतात. यातल्या कांगारूची उडी मात्र जगप्रसिद्ध आहे. पावणे दोन ते दोन मीटर उंचीचे कांगारू बसल्या जागेवरून टुणकन ५ ते ७ मीटर लांब उडी मारते. अशा उड्या मारत कांगारू ताशी ९० कि.मी. वेगानं पळते. पळणाऱ्या कांगारूची एक एक उडी कधी कधी १०-११ मीटरचीही असू शकते.

असा हा उडी मारणारा प्राणी स्वभावानं गरीब असला तरी चिडला तर आपल्या मागच्या पायाच्या फटक्यात शिकारी कुत्रा मारतो किंवा त्याची लाथ बसली तर माणूसही मरू शकतो.

आपल्याला आठवण कशी राहते?

कविता, पाढे आदी गोष्टी पाठ करणं हा उद्योग काही विद्यार्थ्यांना झटकन जमतो, तर काही जणांना अजिबात जमत नाही. बरे, हे ज्यांना जमते ती मुले कुठे

पुस्तक नाही तर पेनच विसरतील, तर कधी त्यांना निरोप सांगायची, किंवा गृहपाठाची आठवण राहत नाही. हे असे का घडते?

याला आपला मेंदू जबाबदार असतो. मेंदूच्या पेशीमध्ये स्मरणशक्तीसाठी ढगांमध्ये पावसाचे थेंब बनण्यासाठी केंद्रबिंदू मिळणार नाहीत. पाऊस, धुके या गोष्टी धुलीकणांवरच अवलंबून असतात. जर धुलीकण नसतील तर सूर्योदय व सूर्यास्ताचे रंग आपल्याला दिसणार नाहीत. आपण सूर्यास्ताच्या वेळी आकाशात पसरलेले जे विविध रंग बघू शकतो, याचे कारण सूर्यकिरणाचे धुलीकणांमुळे होणारे वक्रीभवन हेच असते. यामुळे पांढऱ्या प्रकाशाचे वर्ण पृथक्करण होऊन आपल्याला सूर्योदय व सूर्यास्त रंगीत दिसतात.

टक्कल कशामुळे पडते?

समाजात मानाचं स्थान मिळविणाऱ्या व्यक्तींना बहुधा टक्कल असते. 'खल्वाटो निर्धनो क्वचित !' असं एक संस्कृत वचन आहे. या वचनात किती तथ्य आहे ते ज्याचे त्याने ठरवावे; पण सर्वसाधारणपणे सुस्थितीतल्या उतारवयातल्या माणसाला टक्कल पडलेले दिसते. काही लोकांना याची लाज वाटते. परंतु काही जमातीत मात्र टक्कल हे पुरुषार्थाचे लक्षण मानले जाते. टक्कल हा बऱ्याच विनोदी साहित्याचा आधार असल्याचेही आपल्याला दिसून येते. टक्कल हे आनुवंशिक असू शकते. अशा टकलाची सुरुवात बरेचदा लहान वयातही होते. डोक्याला झालेल्या गंभीर दुखापतीमुळे काही वेळा टक्कल निर्माण होते. जड पाण्याने अंघोळ केल्यावर केस गळून टक्कल पडू लागल्याची काही उदाहरणे आहेत. काही वेळा लैंगिक संप्रेरकांमध्ये वाढ झाल्याने टक्कल पडलेले आढळते. वयोमानपरत्वेही

टक्कल पडते.

काळजी, ताप, टायफाईड, न्यूमोनिया आदी मानसिक व शारीरिक आजारांमुळे आलेले टक्कल ही कारणे दूर होताच नाहीसे होते. काही विशिष्ट रासायनिक कारखान्यात काम करणाऱ्या लोकांना रसायनांमुळे टक्कल पडल्याचे दिसते. मात्र या कारखान्यातल्या सर्वांनाच टक्कल पडते असे नाही.

केसांच्या मुळांना धक्का पोचल्याने, केसांना योग्य प्रमाणात पोषक द्रव्ये न मिळाल्याने टक्कल पडण्यास सुरुवात होते, हे तज्ज्ञांना ठाऊक असले तरी टक्कल थोपवण्यावर अजून तरी उपाय सापडलेला नाही.

माणसाला सोन्याचे वेड का?

सोन्याचा हव्यास माणसाला फार पूर्वीपासून आहे. आदिमानवाच्या कबरीतून सोन्याचे दागिने सापडलेले आहेत. आपले राजे-रजवाडे आणि देव डोक्यावर सोन्याचा मुकुट परिधान करताना दिसतात. सोन्यामुळे असंख्य माणसांनी जीव गमावलाय. आजही गमावतात नि पुढेही सोन्याच्या हव्यासापायी जीव जाणार आहेत. याचे कारण काय?

सोन्याला एवढे महत्त्व यायचे कारण असे की, एक तर ते दुर्मीळ असते. ते आकर्षक दिसते, हवे तसे वळवता येते, उपयुक्त तर आहेच, त्याच्यावर हवेचा परिणाम तर होत नाहीच पण फारच थोडी रासायनिक द्रव्ये त्याच्यावर परिणाम करू शकतात.

भारतात फार पूर्वीपासून सोन्याच्या खाणी आहेत. शिवाय नद्यांच्या वाळूतूनही अधूनमधून सोने सापडते. ऑस्ट्रेलिया व द. आफ्रिका हे दोन देश सुवर्णनिर्मितीत आज आघाडीवर आहेत. याशिवाय रशिया व अमेरिकेतही सोन्याचे मोठ्या प्रमाणावर उत्पादन होते.

जागतिक बाजारात एखाद्या देशाची पत सुवर्णसाठ्यावरून ठरविली जाते तर वैद्यक शास्त्रातही सोन्याचा उपयोग होतो. सोन्याचा भाव सतत वाढत असल्यामुळे माणसे सोने साठवून ठेवतात.

पदार्थाची स्थिती कशी ठरते?

कुठल्याही पदार्थाची घन, द्रव किंवा वायुरूप स्थिती ही कशावरून ठरते, हे आपल्याला सांगायला सांगितलं तर आपण कुठल्या तापमानाला असा लगेच

प्रतिप्रश्न करतो! याचं कारण म्हणजे पदार्थांची स्थिती तापमानावर अवलंबून बदलत जाते. आपण साधारणपणे २०° ते ३०° सेल्सियस या तापमानाला पदार्थांची जी स्थिती असते ती नेहमीच्या व्यवहारात गृहीत धरतो.

आपण जेव्हा पाणी हा द्रव पदार्थ आहे असे म्हणतो, तेव्हा ते या तापमानाला द्रव असते, हे गृहीत धरलेले असते.

ऑक्सिजन, हायड्रोजन आदी वायू हे अतिशीत तापमानात द्रवरूप बनतात. हे असे का घडते हे पाहायचे तर पदार्थांची मूलभूत रचना समजावून घ्यायला हवी.

प्रत्येक वस्तू ही रेणूंची बनलेली असते. हे रेणू अणूंच्या एकत्रित येण्याने तयार होतात. रेणू हा कुठल्याही पदार्थाचे सर्व गुणधर्म असलेला सर्वांत सूक्ष्म घटक. वेगवेगळ्या पदार्थांचे रेणू वेगवेगळ्या आकाराचे असतात. अर्थात लहान असो वा मोठे असोत, रेणू इतके सूक्ष्म असतात की, ते आपल्याला दिसू शकत नाहीत.

या रेणूंच्या परस्परसंबंधावरून पदार्थांची स्थिती ठरत असते. तापमानावर अवलंबून हे रेणू सतत भ्रमंती करतात. वायूंचे रेणू खूप जलद भ्रमण करतात, तर घनस्थितीतील पदार्थांचे रेणू कमी वेगाने फिरतात. द्रवस्थित पदार्थांचे रेणू घनस्थित रेणूंपेक्षा जलद तर वायुरूप पदार्थांच्या रेणूंपेक्षा कमी वेगानं फिरतात.

या रेणूंमध्ये एकमेकांविषयी नैसर्गिक आकर्षण असते. यामुळे ते एकत्र राहतात. वाढत्या तापमानाबरोबर रेणूंची भ्रमणगती वाढते नि हे आकर्षण कमी होते; त्यामुळे पदार्थ पसरतो; द्रवरूप होतो नि मग वायुरूप होतो. जर तापमान कमी करत गेले तर या उलट स्थित्यंतर होते.

घड्याळात रत्नांचे खडे खरोखरच असतात का?

डिजिटल घड्याळे येण्यापूर्वी आणि आजसुद्धा काटे असलेली घड्याळे आपण वापरतो, त्यावर 'सेव्हन्टीन ज्युवेल्स' किंवा 'ट्वेंटिवन ज्युवेल्स' असे लिहिलेले असते. याचा अर्थ काय? हा प्रश्न आपल्याला बऱ्याचदा पडतो. घड्याळ उघडले तर आपल्याला अनेक स्प्रिंगस् नि फिरणारी चक्रे दिसतात. मग घड्याळातली ही रत्नं असतात तरी कुठं? या रत्नांचा घड्याळात काय उपयोग होतो? पूर्वी घड्याळात रत्ने नसायची. त्या वेळी घड्याळातली दातेरी चक्रे धातूंच्या अक्षांवर फिरायची. या सतत होणाऱ्या हालचालींमुळे चक्र आणि त्याचा आस हे दोन्हीही झिजायचे. याला कारण घर्षण. पण हेच अक्ष पुढे स्फटिकांचे बनवण्यात येऊ लागले. या स्फटिकांचे काठीण्य उच्च प्रतीचे असल्यामुळे आसांची झीज कमी

झाली. यामुळे त्यांना असलेली चकाकी, गुळगुळीतपणा हे जास्त काळ टिकू लागले. साहजिकच यामुळे घड्याळांची अचूक वेळ दाखविण्याची क्षमताही वाढली. हे लक्षात आल्यावर मग आपोआपच या रत्नांचा-स्फटिकांचा घड्याळातला उपयोग वाढला. ही रत्ने औद्योगिक रत्ने असतात. ही दागिने म्हणून वापरली जात नाहीत. कारण यांची झळाळी, आकार, शुद्धपणा, रंग हे दागिन्यांत मिरवण्यासारखे नसतात; पण त्यामुळे त्यांच्या कायिक गुणधर्मांत मात्र फरक पडत नसतो.

उगवताना किंवा मावळताना सूर्य रंगीत का दिसतो?

आपण जेव्हा सकाळी किंवा संध्याकाळी सूर्य बघतो त्या वेळी तो आपल्याला तांबूस सोनेरी दिसतो. पण जसजसा तो डोक्यावर येतो तसतसे त्याच्याकडे बघणेही अवघड होते, तसेच तो भगभगीत पांढरा दिसू लागतो. त्यामुळे त्याच्याकडे बघण्याचे आकर्षणही उरत नाही.

सूर्य जेव्हा आपल्या डोक्यावर असतो तेव्हा त्याचे किरण सरळ आपल्याकडे येतात. ते हवेत शिरताना त्यांचे विशेष वक्रीभवन होत नाही आणि वर्णपृथक्करणसुद्धा होत नाही.

संध्याकाळी पृथ्वीच्या फिरण्यामुळे जेव्हा सूर्य क्षितिजाजवळ गेल्यासारखा वाटतो; किंवा उगवताना सूर्य क्षितिजावरून वर आल्यासारखा वाटतो, तेव्हा आपल्याजवळ पोहोचायला सूर्यकिरणांना बरेच जास्त अंतर कापावे लागते. याशिवाय वाटेत हवेतले धूलीकण, नाफ, धुराचे कण यांच्यावर तिरक्या पडणाऱ्या सूर्यकिरणांचे वक्रीभवन होतेच, शिवाय त्यांचे वर्णपृथक्करणही होते. सूर्यप्रकाश हा सात रंगांचा मिळून बनलेला असतो, हे आपल्याला माहीत आहेच. ते रंग आपल्याला सारख्या प्रमाणात मात्र दिसत नाहीत. यामुळे सूर्य उगवताना किंवा मावळताना तांबूस सोनेरी दिसतो.

अमेरिकेला अमेरिका हे नाव कसं पडलं?

कुठल्याही प्रदेशाला एखादे नाव दिले जाते ते एखाद्या प्रमुख व्यक्तीमुळे वा एखाद्या ऐतिहासिक घटनेमुळे. अमूक एक लोक राहतात तो देश असेही एखाद्या देशाचं नाव असतं. याशिवाय एखाद्या नदीचे नाव मानवी समूहाला मिळते आणि ते पुढे देशाला मिळते. उदा. सिंधूच्या काठचे 'हिंदू' म्हणून हा देश 'हिंदुस्थान', सिंधूला इंग्लिशमध्ये 'इंडस' म्हणतात. म्हणून आपल्या देशाला 'इंडिया' म्हणतात.

पुढे जिथे पौराणिक कथांचा आधार हाच वंश नि देशाचे नाव ठेवायला आधार ठरला, असेही देश अस्तित्वात आले. ही अर्थात प्राचीन परंपरा असलेल्या देशांची कथा.

'अमेरिका' हे नाव रूढार्थानं आपण अमेरिकेतील संयुक्त संस्थाने या नावाच्या म्हणजे 'युनायटेड स्टेट्स ऑफ अमेरिका' या देशासाठी वापरतो. 'युनियन ऑफ सोव्हिएत सोशॉलिस्ट रिपब्लिक्स' ही एवढी नावाची मालगाडी न म्हणता आपण 'रशिया' हे सुटसुटीत नाव घेतो.

यातल्या अमेरिका या नावामागं एक इतिहास आहे. इ. स. १४९२ मध्ये कोलंबसानं अमेरिकेचा शोध लावला असं आपण म्हणतो. प्रत्यक्षात इंडियाच्या शोधात निघालेला कोलंबस वेस्ट इंडिज द्वीप समूहातील एका छोट्या बेटावर पोहोचला. या बेटांना कोलंबसाने स्पेनचा राजा फर्डिनांड व राणी इझाबेल यांच्या स्मरणार्थ 'सान साल्वादोर' हे नाव दिले. कोलंबसाला हाच हिंदुस्थान असे वाटल्यामुळे त्याने या बेटावरील लोकांना इंडियन म्हटले. आजही या लोकांना इंडियन, व भारतातल्या लोकांना इस्ट-इंडियन असं अमेरिकेत म्हटलं जातं.

कोलंबसनं क्यूबा, हिस्पॅनिओला ही आणखी दोन बेटं शोधली पण त्याला हिंदुस्थान काही सापडला नाही. निराश होऊन कोलंबस स्पेनला परतला.

१४९३ मध्ये कोलंबस पुन्हा हिंदुस्थानच्या सफरीवर निघाला. या सफरीत त्याने जमेका, पोर्टो रिको ही आणखी काही नवी बेटे बघितली; पण तरी त्याला मुख्य भूमी सापडेना. आता कोलंबसने हिंदुस्थानची भूमी शोधायचा ध्यासच घेतला. १४९८ मध्ये कोलंबसानं पुन्हा एक मोहीम नेली. या वेळी त्याला त्रिनिदाद हे बेट गवसले आणि अखेरीस तो दक्षिण खंडात पोहोचला.

या काळातच अमेरिगो वेस्पुसी या स्पेनमधील प्रवाशाने युरोपमध्ये असे जाहीर केले की, या नव्या भूखंडावर पाय ठेवण्याचा पहिला मान आपला आहे.या नव्या भूखंडावर १६ जून १४९७ या दिवशी मी सर्वप्रथम पाऊल ठेवणारा गोरा माणूस. पुढे असे सिद्ध झाले की, इ. स. १४९९ पर्यंत वेस्पुसीने समुद्र प्रवास केलाच नव्हता. इ. स. १४९९ मध्ये एका मोहिमेत वेस्पुसीनं भाग घेतला. अलोसो द ओजेदा हा या मोहिमेचं नेतृत्व करीत होता. पण या वेळी त्यांनी व्हेनेझुएला शोधून काढले. इ. स. १५०१-१५०२ मध्ये वेस्पुसीनं पोर्तुगीज राजाश्रयानं एक मोहीम काढली. या वेळी तो ब्राझीलला पोहोचला. ज्याला कोलंबस आशिया खंडाचा भाग समजत होता ते एक नवेच भूखंड असल्याचे वेस्पुसीच्या लक्षात आले. इ. स. १५०० च्या सुमारास वेस्पुसीचे लिखाण युरोपभर पसरले आणि वाल्डसी मिलर या भूगोल तज्ज्ञानं ब्राझीलला अमेरिगोच्या स्मरणार्थ 'अमेरिका' असे नाव दिले. तेच नाव पुढे संपूर्ण अमेरिका खंडास मिळाले.

रेडक्रॉस ही संस्था कशी अस्तित्वात आली?

रेडक्रॉस ही एक आंतरराष्ट्रीय मानवतावादी संघटना आहे. अगदी सुरुवातीस युद्धक्षेत्रात जखमी झालेल्या सैनिकांची काळजी घेणे एवढेच काम ही संस्था करीत असे; पण आता सर्व प्रकारच्या मानवी दुःखांना हलके करण्याचे काम भूतदयेने प्रेरित झालेली ही संघटना करीत असते. जगातल्या बहुतेक सर्व देशांत या संघटनेच्या शाखा असून त्या सर्वकाळ कार्यरत असतात. जात, धर्म, राष्ट्रीयत्व आदी गोष्टींचा विचार न करता ही संघटना सर्वच माणसांना समान वागणूक देते.

दुष्काळग्रस्तांना मदत, युद्धकाळी जखमी व्यक्तींची सेवा करणे, निराधारांना आधार देणे, पिण्याच्या पाण्याची काळजी घेणे, नर्स आणि सुईणी व दाईंना प्रशिक्षण देणे, गर्भार महिला आणि नवजात अर्भकांची काळजी घेणे, त्यासाठी केंद्रं काढणे, हॉस्पिटल्सची उभारणी करणे; रक्तदान केंद्र स्थापन करणे अशा मानवी सेवा प्रस्थापित करणे ही या संघटनेच्या कामांतली महत्त्वाची कामे गणली जातात.

रेडक्रॉसच्या जन्माची कहाणी तशी खूपच उद्‌बोधक आहे. २४ जून १८५९ मध्ये जाँ हेन्री ड्यूनांटने या संघटनेची स्थापना केली. लावार्डी या शहरी ड्यूनांट काही व्यावसायिक कामासाठी गेला होता. त्या वेळी फ्रान्स व ऑस्ट्रिया या दोन देशांत युद्ध चालू होते. या युद्धाचा रोख लावार्डीच्या दिशेने वळला होता, युद्धांत जखमी झालेले हजारो स्त्री-पुरुष ड्यूनांटच्या नजरेस पडले. यांतले बरेच जखमी प्राथमिक वैद्यकीय मदत न मिळाल्यामुळे मृत्युमुखी पडत होते. याचा ड्यूनांटच्या मनावर खूप परिणाम झाला. यामुळे प्रभावित झालेल्या ड्यूनांटने हातातले काम बाजूला ठेवले आणि तो या युद्धग्रस्त लोकांच्या दुःखाचा भार आपल्या परीने हलका करू लागला. यामुळे बरीच माणसे जगली.

या युद्धानंतर, युद्धांतील जखमी सैनिक ही माणसेच असतात; त्यांना मदत करणे हे आपले कर्तव्यच आहे, असा जनतेत प्रचार करणे ड्यूनांटने सुरू केले. या त्याच्या प्रचाराचा खूप परिणाम झाला. इ. स. १८६४ मध्ये जिनिव्हा येथे १४ देशांनी मिळून रेडक्रॉसची स्थाना केली.

स्वित्झर्लंड हा एक शांतताप्रिय देश आहे. त्या देशाच्या ध्वजावर तांबड्या पार्श्वभूमीवर पांढरी फुली आहे. त्याऐवजी या नव्या आंतरराष्ट्रीय संस्थेनं पांढऱ्या पार्श्वभूमीवर तांबडी फुली असा ध्वज स्वीकारला आणि त्यामुळेच या संस्थेला रेडक्रॉस हे नाव मिळाले.

रेडक्रॉसच्या तीन शाखा आहेत. पहिली शाखा म्हणजे 'आंतरराष्ट्रीय रेडक्रॉस समिती'. या समितीवर २५ स्विस नागरिक सदस्य म्हणून काम करतात. या शाखेचे कार्यालय जिनिव्हा येथे आहे. दुसरी शाखा म्हणजे 'रेडक्रॉस लीग.' ही शाखा देशोदेशच्या रेडक्रॉस शाखांचे प्रतिनिधी मिळून बनते. तिसरी शाखा म्हणजे 'राष्ट्रीय रेडक्रॉस समिती.'

युद्धकाळात निरनिराळ्या रेडक्रॉस समित्यांमध्ये संपर्क व्यवस्था निर्माण करणे, युद्धग्रस्त देशांच्या रेडक्रॉस समित्यांच्या सहाय्याने जखमी सैनिकांना मदत पोचवणे, युद्धकैद्यांवर अन्याय होत नाही याची पाहणी करणे; त्यांना पत्र व भेटी पोचवणे, आदी कामे रेडक्रॉस करते.

शांततेच्या काळात पूरग्रस्त, वादळग्रस्त लोकांना मदत पोचवणे, रोगाची साथ पसरल्यावर औषधं पोचवणे आदी कामांत रेडक्रॉस मग्न असते.

पश्चिम आशियाई मुस्लीम देशांत अशा धर्तीची कामं करणाऱ्या संस्थांची खूण ही 'तांबड्या चंद्रकोरी' च्या स्वरूपात असते म्हणून या संस्थांना 'रेडक्रेसेंट' असं म्हणतात.

जाहिरातींचा उगम आणि विकास कसा झाला?

आपण जर अरेबियन नाईट्स किंवा पौराणिक कथा, बखरी वगैरे वाचल्या तर आपल्या असे लक्षात येईल की, जाहिरात ही कला फार पूर्वीपासून अस्तित्वात आहे. पूर्वीच्या काळी राजे लोक आपल्या लग्नाच्या मुलीची दवंडी पिटवून जाहिरात करायचे. नापितांकडून गावातल्या अनेक गोष्टींची जाहिरात व्हायची. बाजारात व्यापारी आपल्या मालाची ओरडून जाहिरात करायचे. काही शिलालेखांत राहण्याच्या व्यवस्थेची, राजानं केलेल्या उत्तम कामांची स्तुती आढळते. हीही एक प्रकारची जाहिरातच होती. पुढे भाटांनी ही कामगिरी आपल्या शिरावर घेतली.

इ. स. १४५० मध्ये छपाई कलेचा शोध लागल्यावर पहिली दहा वर्षेतरी छापील जाहिराती होत नव्हत्या. पहिली छापील जाहिरात करण्याचा मान विल्यम कॅक्स्टनकडे जातो. इ. स. १४६० मध्ये विल्यम कॅक्स्टनने एका धार्मिक पुस्तकात एक जाहिरात छापली. ही पहिली छापील जाहिरात. पुढे वृत्तपत्रांची सुरुवात झाली आणि लगेचच वृत्तपत्रीय जाहिरातीही सुरू झाल्या. आज जाहिरात करणे हा एक प्रचंड मोठा धंदा होऊन बसला आहे. अमेरिकेसारख्या देशात दरवर्षी २५ ते ३० अब्ज डॉलर एवढी रक्कम जाहिरातीपोटी खर्च होते. यात सिनेमाचा समावेश नाही.

टी. व्ही., रेडिओ, नियतकालिके यांच्या उत्पन्नाचा बराच मोठा भाग हा जाहिरातींवर अवलंबून असल्यामुळे आजकाल बहुतेक प्रगत देशांतून जाहिराती जास्त व कार्यक्रम कमी अशीच परिस्थिती निर्माण झाली आहे.

नोबेल पारितोषिके कुणाला मिळतात?

दरवर्षी सर्वसाधारणपणे सप्टेंबर-ऑक्टोबरच्या सुमारास वृत्तपत्रांतून नोबेल पारितोषिके जाहीर होऊ लागतात. स्विडनची राजधानी स्टॉकहोम येथे या पारितोषिकांचे वितरण होते. या पारितोषिकाबद्दल एक सुवर्णपदक, एक प्रमाणपत्र आणि प्रचंड मोठी बक्षिसाची रक्कम मिळते.

वास्तवशास्त्र, वैद्यकशास्त्र, रसायनशास्त्र, साहित्य, शरीरविज्ञान वा वैद्यकशास्त्र तसेच शांतता आणि अर्थशास्त्र याबद्दल नोबेल पारितोषिके दिली जातात. जर एखाद्या क्षेत्रात एकापेक्षा जास्त पारितोषिके विजेते असतील तर बक्षिसाची रक्कम सर्वांना सारखी विभागून दिली जाते. या पारितोषिकांचे वितरण १० डिसेंबर या दिवशी म्हणजे आल्फ्रेड नोबेलच्या मृत्युदिनी होते.

२१ ऑक्टोबर १८३३ या दिवशी जन्मलेल्या आल्फ्रेड नोबेल या शास्त्रज्ञाने डायनामाईट या स्फोटकाचा शोध लावला. त्याचे वडीलही शास्त्रज्ञ होते. आपल्या शोधामुळे नोबेलला प्रचंड पैसा मिळाला. त्याच्या व्याजातून ही बक्षिसे दिली जातात. १९८२ पासून या बक्षिसात वाढ करण्याचे स्विडिश सरकारने ठरविले आहे. नोबेलच्या मृत्युपत्रात नसलेले शास्त्र म्हणजे अर्थशास्त्र. या शास्त्राबद्दल प्रथम १९६९ मध्ये बक्षीस जाहीर झाले.

ही बक्षिसे 'नोबेल फौंडेशन ऑफ स्विडन' तर्फे देण्यात येतात. स्विडनची 'रॉयल ऑकॅडमी ऑफ सायन्सेस', वास्तवशास्त्र व रसायनशास्त्राच्या पारितोषिक विजेत्याची निवड करते, स्टॉकहोमची 'द कॅरोलाईन इन्स्टिट्यूट' वैद्यकशास्त्रातला विजेता ठरवते. 'स्विडिश ऑकॅडमी ऑफ लिटरेचर' साहित्यातला विजेता निवडते. नॉर्वेच्या पार्लमेंटने नियोजित केलेली समिती शांततेच्या पारितोषिकाच्या व्यक्तीचा शोध घेते. यासाठी आंतरराष्ट्रीय महत्त्वाच्या व्यक्ती किंवा संस्था यांनी या व्यक्तींची नावे सुचवायची असतात. त्यानंतरच या लोकांतून पारितोषिक विजेत्यांची निवड होते.

चीनची भिंत कोणी व का बांधली?

युरी गागारिन या अंतराळवीराने पहिल्यांदा जेव्हा पृथ्वीप्रदक्षिणा केली तेव्हा पृथ्वीवरच्या ज्या प्रमुख खुणा त्यानं बघितल्या, त्यांत जगातल्या सात आश्चर्यांत समाविष्ट होणारी चीनची भिंतही होती. चीनची भिंत हे 'चायनीज वॉल' चं मराठी भाषांतर आपण गेली कित्येक वर्षे वापरतोय. प्रत्यक्षात ती तटबंदी आहे. ही भिंत १६८४ मैल लांब (२६९५ कि. मी.) असून तिची उंची ४ ते १० मीटर आहे तर जाडी १० मीटर आहे.

ही भिंत बांधायला इ. स. पूर्व २२१ मध्ये सुरुवात झाली आणि १५ वर्षांनंतर ती पूर्ण झाली. शिह-हुंग-ली या चिनी सम्राटानं चीनमधली छोटी छोटी राज्ये एकत्र करून इ. स. पू. २४६ मध्ये चिनी साम्राज्याची स्थापना केली होती. चीनच्या उत्तरेला क्रूर असे मंगोल लोक होते. त्यांच्याकडून आपल्या साम्राज्यास धोका पोहोचू नये म्हणून शिह-हुंग-लीने ही भिंत बांधायचा निर्णय घेतला. अर्थात याचा उपयोग झाला नाही तो नाहीच. १५ वर्षे बांधकाम चाललेल्या या भिंतीपायी निम्मी चिनी जनता वेठबिगार करत होती, या बांधकामात हजारो कामगार मृत्युमुखी पडले. यामुळे चिनी क्रौर्याचे प्रतीक म्हणून या भिंतीकडे बघण्यात येते.

वृत्तपत्रे केव्हा सुरू झाली?

आजकाल दिवस उजाडतो तो वृत्तपत्र विक्रेत्यांच्या आरोळ्यांनी. या आरोळ्या हीच आपली भूपाळी ठरते. सकाळी उठून हातात पेपर पडला नाही तर आपण अस्वस्थ बनतो. वृत्तपत्रांतून घरबसल्या आपल्याला जगभरच्या बातम्या कळतात. सिनेमांच्या जाहिरातीही बघायला मिळतात.

चीनमध्ये सुमारे १००० वर्षांपूर्वी 'चिंग पाव' नावाचा एक जाहिरनामा निघायचा. चिंग पाव याचा अर्थ राजधानीतील घडामोडी. या जाहिरनाम्याद्वारे सरकार जनतेला राजधानीतल्या घटनांची माहिती देत असे.

इ. स. १७७२ मध्ये लंडनमध्ये 'मॉर्निंग पोस्ट' हे वृत्तपत्र सुरू झाले. हे आधुनिक अर्थाने खरे वृत्तपत्र. त्याआधी व्हेनिसमध्ये भिंतीवर सरकारी गॅझेटियर चिकटवण्यात यायचे. हे गॅझेटियर का? तर याची किंमत एक 'गॅझेटा' होती. पुढे बऱ्याच वृत्तपत्रांनी 'गॅझेट' हे नाव स्वीकारले.

मध्यंतरी आर्थिक संकटात सापडलेले नि संपामुळे बंद झालेले नि आता पुन्हा चालू होऊन बंद पडण्याच्या मार्गावर असलेले 'लंडन टाइम्स' हे आजचे सर्वांत जुने

वृत्तपत्र. भारतातल्या 'बेंगाल गॅझेट'ची सुरुवात ही भारतीय वृत्तपत्रसृष्टीची सुरुवात मानण्यात येते. इ. स. १९८० मध्ये भारतीय वृत्तपत्रसृष्टीची द्विशताब्दी साजरी करण्यात आली.

वाळूची दलदल हा काय प्रकार आहे?

दलदल म्हटली की पाणी आले. दलदलीत रुतलेला माणूस किंवा प्राणी जसजसा या चिखलातून बाहेर यायचा प्रयत्न करतो, तसतसा तो अधिकाधिक खोल रुतत जातो हा आपला अनुभव.

नेहमीच्या दलदलीत खाली चिकण मातीचा थर आणि वरती वाळूचा मोठा थर असतो. ही दलदल नदीचा काठ किंवा समुद्र किनारा यांच्याजवळ असते. या वाळूत पुराच्या वेळेस किंवा भरतीच्या वेळेस पाणी भरले जाते, पण चिकण मातीतून हे पाणी मुरू शकत नाही. यामुळे ते वाळूतच साठून राहते व हळूहळू दलदल तयार होते. या दलदलीत फसल्यावर खूप जलद हालचाल किंवा घाबरून धडपड केली की, बुडत्याचा पाय खोलात अशी परिस्थिती निर्माण होते. अशा तऱ्हेने दलदलीत माणसापासून हत्तीपर्यंत कुठल्याही आकार-प्रकाराचा प्राणी सापडून बुडतो.

वाळवंटात वाऱ्यानं वाळू चाळली जाऊन वाळूचे थर बनतात. यातच तापमानाचा फरक निर्माण होऊन वाळूचे वरून खाली व खालून वर असे चक्रीप्रवाह सुरू होतात. अशा वाळूच्या थरांना वाळूची दलदल म्हणतात. मात्र यात पाणी नसते. अशा वाळूप्रवाहात सापडलेल्या माणसाला किंवा वाहनाला वाचवणे अवघडच असते.

दव कसे तयार होते?

गवताच्या पात्यावर पडलेले दवबिंदू किंवा कोळ्याच्या जाळ्यावर चमकणारे दवबिंदू किती छान दिसतात, नाही का? शहरातल्या मुलांना अनुभव नसेल कदाचित, पण हिवाळ्यात सकाळी गवत ओले असते. आपण यालाच 'दव पडले' असे म्हणतो, पण प्रत्यक्ष दव पावसासारखे पडत नसते; तर हवेत जी पाण्याची वाफ असते त्यापासून हे पाण्याचे थेंब बनतात.

रात्री पाने, गवताची पाती जी वाफ उच्छ्वासाद्वारे बाहेर टाकतात त्याचेही हे जलबिंदू बनतातच. शिवाय रात्री तापमान कमी झाल्यामुळे जे पृष्ठभाग गार बनतात

त्यावरही हवेतल्या वाफेचे दवबिंदू बनतात. हे थेंब किंवा दवबिंदू वाफेचे पाणी होण्यास आवश्यक इतकं तापमान तयार झाल्याने तयार होत असतात.

सिलिकॉन या मूलद्रव्याचे उपयोग काय?

सिलिकॉन हे मूलद्रव्य निसर्गात शुद्ध स्वरूपात सापडत नाही, पण निसर्गात सापडणाऱ्या अनेक खनिजांत सिलिकॉन-डाय-ऑक्साइड या स्वरूपात ते असते. पृथ्वीच्या कवचात फार मोठ्या प्रमाणात हे सिलिकॉन-डाय-ऑक्साइड (SiO_2) सापडते. हे सिलिकॉन-डाय-ऑक्साइड विघुत ऊर्जेच्या सहाय्यानं तापवून, त्यापासून शुद्ध सिलिकॉन (Si) मिळवता येते. SiO_2 हे क्वार्ट्झ, अगेट, जास्पर, कार्नेलियन अशा स्वरूपात सापडत असते. क्वार्ट्झ हे स्फटिक रूपात सापडणारे सिलिकॉन-डाय-ऑक्साइड.

सिलिकॉनचे शुद्ध स्वरूपात इलेक्ट्रॉनिक उद्योगात महत्त्वाचे उपयोग आहेत. पोलादात मिश्रण केलेले सिलिकॉन पोलादाची भारक्षमता वाढवते, तर सिलिकॉन व कार्बन यांचे मिश्रण हे पॉलिशिंग धंद्यात वापरले जाते. प्रकाशकीय घट आणि ट्रान्झिस्टर्स यांच्यामध्येही सिलिकॉन वापरले जाते. याशिवाय सिलिकासँडचा- यात क्वार्ट्झच्या वाळूचा समावेश आहे-याचा उपयोग निरनिराळ्या प्रकारच्या काचा तयार करताना होतो. अनेक मानवी उपयोगाची खनिजे ही निरनिराळ्या मूलद्रव्यांची सिलिकेट्स असतात.

आपल्याला चटका कशामुळे बसतो?

थंडीच्या दिवसांत स्वेटर उतरवल्यावर आपले अंग आपल्याला उबदार लागते. मात्र ताप आला असेल तर आपण 'अंग चांगलेच तापलेय' असे म्हणतो. सागरगोटे जमिनीवर घासले नि अंगाला लावले तर चटका बसतो तर हिवाळ्यात आपले कपडे गार लागतात, धातूची भांडी, एवढंच नव्हे, तर आपण एखाद्या वाहनावरून आलो तर आपले हात, गाल, नाकाचा शेंडा गार लागतो.

हे गार लागणे किंवा चटका बसणे म्हणजे आपल्या शरीराचे तापमान आणि बाहेरच्या पृष्ठभागाचे तापमान यातला फरक आपल्या मज्जासंस्थेस जाणवणे. अतिशय थंडीमुळे आपल्या चेतावाहिन्यांची टोके बधिर होतात आणि मग शरीरातल्या त्या भागाची संवेदना नष्ट होते. काही वेळा येथल्या पेशी गोठून त्या कायमच्या थंडावतात. असा भाग मग शरीरापासून शस्त्रक्रियेने दूर करावा लागतो.

याउलट जेव्हा शरीराच्या एखाद्या भागाला वाजवीपेक्षा जास्त उष्णता लागते त्या वेळेस शरीरातल्या पेशी प्रसरण पावतात, त्यातला द्रव तापतो. थोडक्यात म्हणजे त्यांचे रेणू जलद हालचाल करू लागतात आणि हळूहळू पेशी फुटतात. यामुळे या भागात रक्तपुरवठा वाढून तो भाग लाल दिसू लागतो. आपल्याला तापमान वाढीची जी जाणीव होते ती 'चटका' बसून. त्याचा हा दृश्य परिणाम दिसतो. ही उष्णता प्रदीर्घकाळ जास्त प्रमाणात मिळत राहिली तर कातडी जळते.

आपल्या शरीराच्या कोणत्या भागास भाजून दुखापत झालीय, ती किती प्रमाणात झालीय, यावरून भाजल्याने माणूस दगावणार की नाही याचा अंदाज डॉक्टर व्यक्त करतात. ६० टक्क्यांपेक्षा जास्त भाजलेला माणूस गंभीर जखमी सगजला जातो.

पदार्थाचे बाष्पीभवन का व कसे होते?

ओले कपडे वाळतात, घरात फरशीवर सांडलेले पाणी काही काळाने नाहीसे होते, सडा घातल्यानंतर काही काळाने जमीन पुन्हा कोरडी होते, उन्हाळ्यात जमिनीवर सांडलेले पाणी बघता बघता नाहीसे होते. जर स्पिरिट किंवा पेट्रोल कपड्यावर पडले तर ते मिनिटाभरात नाहीसे होते. हे सगळे कसे घडते? तर या प्रत्येक घटनेत पाणी, पेट्रोल किंवा स्पिरिट यांची झटकन वाफ होते म्हणून. पेट्रोल व स्पिरिट यांची पाण्यापेक्षा जलद गतीनं कमी तापमानालाच वाफ होते. या वाफ होण्याच्या प्रक्रियेस बाष्पीभवन म्हणतात.

हे बाष्पीभवन कशामुळे घडते? प्रत्येक पदार्थ हा तीन अवस्थेत आढळतो. घनरूप, द्रवरूप आणि वायुरूप या त्या तीन अवस्था. कुठल्या तापमानाला पदार्थाचे रेणू किती जागा व्यापतात यावरून या अवस्था ठरतात. उष्णतेने पदार्थाच्या

रेणूची हालचाल जलद घडू लागते, पदार्थ प्रसरण पावतात आणि त्यांचे घनरूपातून द्रवरूपात आणि तापमान वाढले की, वायुरूपात रूपांतर होत असते. या वायुरूपात होणाऱ्या रूपांतरणासच 'बाष्पीभवन' म्हणतात. बाष्पीभवनाचा विशेष म्हणजे ते कोणत्याही तापमानास होतच राहते, पण वाढत्या तापमानाबरोबर बाष्पीभवनाचा वेग वाढत राहतो.

बाष्पीभवनाचा वेग वातावरण वाफेने किती भरलेले आहे यावरही अवलंबून असतो. यामुळे ढगाळ वातावरणापेक्षा स्वच्छ आकाश असेल त्या दिवशी कपडे लवकर वाळतात. तसेच बाष्पीभवनासाठी जर जास्त पृष्ठभाग उपलब्ध असेल तरीही कपडे लवकर वाळतात.

मराठीत ऑक्सिजनला प्राणवायू का म्हणतात?

ऑक्सिजन हा बहुतेक सर्व सजीवांना जगण्यासाठी आवश्यक असलेला वायू आहे. काही थोडे सूक्ष्म जीव आणि सागरतळावर खूप खोलवर राहणारे सजीव सोडले तर बहुतेक सर्व सजीवांचे जीवन ऑक्सिजनवर अवलंबून असते.

ऑक्सिजन हा रंग, वास व चवविरहित वायू आहे. पोटॅशियम क्लोरेट आणि मँगनीज-डाय-ऑक्साइड एकत्र तापवून हा वायू तयार होतो हे माहीतच असेल.

हवेत ऑक्सिजनबरोबर ओझोन हा ऑक्सिजनच्या तीन अणूंचा रेणू असतो. तर ऑक्सिजनचा रेणू २ अणूंचा असतो. ओझोनला एक विशिष्ट वास असतो.

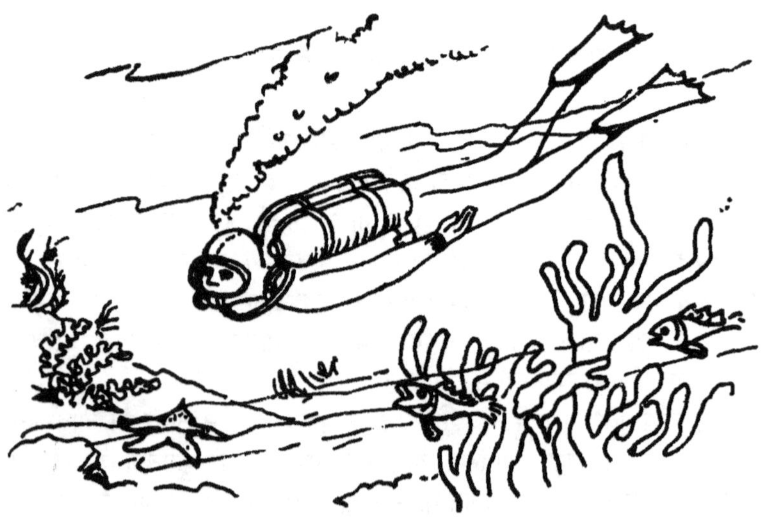

आपण जे अन्न खातो त्याचे श्वसनावाटे घेतलेल्या ऑक्सिजनशी संपर्क येताच ज्वलन होते नि आपल्या शरीरास ऊर्जा मिळते. यामुळे आपले सर्व शारीरिक व्यवहार सुरळीत चालतात.

व्यवहारातही ऑक्सिजनचे अनेक उपयोग आहेत. रुग्णालयात ऑक्सिजन रुग्णांना देण्यात येतो तर ॲसिटिलीन व ऑक्सिजनच्या मिश्रणाचा उपयोग धातू सांधण्यासाठी होतो. द्रवरूप ऑक्सिजन रॉकेटमध्ये इंधन म्हणून वापरला जातो.

वनस्पती व सर्व सजीवांना श्वसनासाठी ऑक्सिजनची आवश्यकता असते, पण हवेतल्या प्रदूषणामुळे ऑक्सिजनऐवजी हवेत सल्फर-डाय-ऑक्साइड, कार्बन-मोनॉक्साइड आदी वायू वाढतात व त्यामुळे अनेक श्वासनलिकांचे रोग फैलावतात.

पाण्याखाली जाणाऱ्या व्यक्ती व अवकाशात वावरणारे अवकाशवीर आपल्या पाठीवरील नळकांड्यांतून ऑक्सिजन वायू श्वसनासाठी नेतात. कारण ऑक्सिजनविना आपण जगूच शकत नाही. म्हणून मराठीत ऑक्सिजनला प्राणवायू म्हणतात, पण आता मात्र सर्वत्र ऑक्सिजन हाच शब्द वापरला जातो.

हेलियम वायूचा उपयोग काय?

हेलियम याचा अर्थ सूर्यावरचा. हेलिऑस म्हणजे सूर्य. प्रथम हेलियम सूर्यावर असल्याचा शोध लागल्यामुळे या वायूला हेलियम हे नाव पडले. हेलियम हा निष्क्रीय वायू आहे. तो चवरहित, गंध-रंग-विहीन आहे. हायड्रोजन खालोखाल हलका असलेला वायू एका बाबतीत तरी हायड्रोजनच्या विरुद्ध गुणधर्माचा आहे. म्हणजे तो हायड्रोजनसारखा ज्वलनशील नाही. किंबहुना तो जळतच नाही. सूर्याचा वर्णपट बघत असताना इ. स. १८६८ मध्ये सर जोझेफ नॉर्मन लॉकीयर व पियर जान्सेन या दोन शास्त्रज्ञांना स्वतंत्रपणे या वायूचं अस्तित्व जाणवलं. यानंतर पृथ्वीवर हा वायू अत्यल्प प्रमाणात असल्याचं शोधून काढण्यात आलं.

हा वायू हलका आहे, पण ज्वलनशील नाही. या गुणधर्माचा फायदा घेऊन निरनिराळ्या आकार-प्रकाराची बलुन्स पाठविण्यासाठी या वायूचा उपयोग होतो. पाणबुडे सागरातून खूप खोलवरून सागरपृष्ठाकडे येत असताना त्यांना ऑक्सिजन व हेलियमचे मिश्रण देण्यात येते, तर दमेकऱ्यांना त्रास कमी व्हावा म्हणून हेलियम वायू हुंगवला जातो. याशिवाय ॲल्युमिनियमचे वेल्डिंग करणे, लेझर निर्मिती आदी प्रक्रियांतून हेलियमचा वापर होतो. याशिवाय अतिशीत तापमानाच्या प्रयोगातही हेलियम वापरला जातो.

तांब्याचे उपयोग काय?

तांबे आपण रोजच्या व्यवहारात आजकाल कमी बघतो. कारण स्टील व प्लॅस्टिक यांनी त्याची जागा घेतली आहे. पण आदिमानवानं सुरुवातीला जे धातू वापरले, त्यात सोन्याबरोबर तांब्याचाही समावेश होतो. मानवाने हत्यारासाठी उपयोगात आणलेला पहिला धातू म्हणजे तांबे. यानंतर तांब्यात जस्त आणि टिन यांचे मिश्रण करून पितळ करायचा शोध लागला.

गेल्या शंभर वर्षांत विशेषत: विजेचा भरपूर वापर सुरू झाल्यापासून तांब्याचे महत्त्व फारच वाढले आहे. तांब्याच्या तारा या जगभर विद्युतवाहक म्हणून वापरल्या जातात. तसेच तांबे उष्णतावाहकही आहे. याशिवाय त्याच्या तारा सहजगत्या निघतात आणि हा धातू इतर धातूंच्या मानाने लवचिकही आहे. पण अतिशय मृदू मात्र नाही.

तांब्याचा आणखी एक महत्त्वाचा उपयोग आहे. मात्र विजेच्या तारांप्रमाणेच याही उपयोगात आता तांब्याची जागा पोलाद व अॅल्युमिनियम यांनी घेतली आहे. हा उपयोग म्हणजे नाणी करणे. बऱ्याच देशांची चलनी नाणी तांब्याची असतात. पण दिवसेंदिवस तांब्याचे भाव वाढू लागल्याने आता भारतीय नाणी पोलाद व अॅल्युमिनियमची असतात.

पितळ उत्पादनातसुद्धा तांबे वापरले जाते. ९० टक्के तांबे असलेल्या पितळेला ब्रॉंझ म्हणतात. तर ६० टक्के तांबे असलेल्या पितळेला 'ब्रास' म्हणतात. सोन्यात काठीण्य आणण्यासाठी तांब्याचा उपयोग होतो. चौदा कॅरट सोन्यात १४ भाग सोने व दहा भाग तांबे असते. तर नेहमी जे १८ कॅरट सोने वापरले जाते त्यात ६ भाग तांबं नि १८ भाग सोनं अशी विभागणी असते. याशिवाय मोरचूद आदी तांब्याच्या अनेक क्षारांचे व्यावहारिक उपयोग आहेत ते वेगळेच. भारतात मलांजखंड व खेत्री येथे तांब्याच्या खाणी आहेत.

मेंढ्यांची लोकर कधी काढतात?

लोकरीचे कपडे हा आपला थंडीविरुद्ध बचावाचा प्रमुख मार्ग. स्वेटर्स, मफलर, कानटोप्या, पूर्वी घोंगड्या आणि कांबळी, आताची ब्लॅंकेट्स ही सगळी लोकरीची असतात. ही लोकर मेंढ्यांपासून आपल्याला मिळते. काही शेळ्यांचे केससुद्धा लोकर म्हणून वापरता येतात. लोकर म्हणजे मेंढीच्या अंगावरचे केसच. हे केस वर्षातून एकदा हिवाळ्याच्या अखेरीस उन्हाळ्याच्या सुरुवातीला

काढले जातात. थंडीत अनेक प्राण्यांची लव दाट होते. हे आपल्याला माहीतच आहे. उन्हाळ्यात ही लव गळून जाते. मेंढ्यांच्या बाबतीत पूर्वी निसर्ग जे काम करायचा, ते आपण करत असतो. थंडीपासून रक्षण करणाऱ्या लोकरीची मेंढ्यांना उन्हाळ्यात गरज नसते. ही लोकर आपली गरज भागवते.

'मेरिनो' मेंढ्यांची पैदास ऑस्ट्रेलियात फार मोठ्या प्रमाणात करण्यात येते. या मेंढ्यांची लोकर काढण्याच्या स्पर्धाही असतात. याशिवाय 'अंगोरा' नावाच्या रानशेळ्यांची लोकर, काश्मीरमधली 'पश्मीना' लोकरही जगप्रसिद्ध आहे.

मेंढ्यांच्या अंगावरील लोकर काढल्यावर ती साफ केली जाते. मग ती सरळ करून आजकाल यंत्रांच्या सहाय्याने धागे तयार केले जातात आणि त्याचे पुढे लोकरी कापड विणले जाते.

हिवताप कसा होतो?

मलेरियाचा समावेश जगातल्या मोठ्या किंवा भयंकर रोगांत होत नसला तरीही किमान २५ लक्ष माणसे दरवर्षी मलेरियाला बळी पडतात, असे जागतिक आरोग्य संस्थेच्या अहवालात म्हटले आहे. या मलेरियालाच आपण हिवताप म्हणतो, कारण या तापाची सुरुवात होण्यापूर्वी माणसाला हीव भरते म्हणजे खूप थंडी वाजू लागते. अतिप्रगत देशांपेक्षा विकसनशील, विशेषत: दलदलीच्या प्रदेशात नि अतिपावसाच्या प्रदेशांतही या तापाचा प्रादुर्भाव होतो.

सर रोनाल्ट रॉस या ब्रिटिश शास्त्रज्ञाने इ. स. १९०२ मध्ये या रोगाचा प्रादुर्भाव डासांमुळे होत असतो, हे सिद्ध केले. यामुळे रॉस यांना नोबेल पारितोषिक मिळाले. 'प्लास्मोडियम' या परोपजीवी सजीवाचा मानवी शरीरात प्रवेश झाल्यामुळे हिवतापाची लागण होते. डास हे प्लास्मोडियमचा प्रसार करण्याची केवळ वाहने असतात.

हे प्लास्मोडियम सूक्ष्म जीव अनॉफेलीस डासाच्या मादीच्या पोटात असतात. इथून अनॉफेलीस मादीच्या लाळपिंडात जाण्याचाही मार्ग असतो. जेव्हा मानवी रक्त शोषण करण्यासाठी मादी अनॉफेलीस आपली सोंड मानवी शरीरात खुपसते तेव्हा प्लास्मोडियम माणसाच्या रक्तात प्रवेश करतात. प्लास्मोडियम तांबड्या रक्तपेशींवर आक्रमण करून त्यांचा नाश करतात. तांबड्या रक्तपेशींच्या नाशानं शरीराला होणारा ऑक्सिजनपुरवठा कमी होत जातो व त्यामुळे माणूस थंडीने कापू लागतो.

क्विनाइनच्या शोधाने आता मलेरियावर उपाय सापडला असला तरी अजून

मलेरिया पूर्ण नाहीसा झालेला नाही. यासाठी पाण्याची डबकी नाहीशी करणे, मच्छरदाण्या वापरणे आदी उपाय करता येतील.

टपाल बटवड्याची सुरुवात कशी झाली?

फार पूर्वीचे शिलालेखांवरचे उल्लेख बघितले तर घोडेस्वार किंवा सांडणीस्वार राजे-महाराजांचे खलिते घेऊन निघायचे नि महिन्या-दोन महिन्यांनी मजल दरमजल करीत इच्छित स्थळी पोचायचे, असे दिसून येते. तर आज आपण इथे बसून पृथ्वीच्या दुसऱ्या टोकाला पत्र पाठवतो नि ते आठवडाभरात तिथे पोहोचते.

१६ व्या शतकात युरोपातली युद्धं नि राज्यक्रांत्या वाढीस लागल्या तेव्हा नागरिकांचे विचार जाणून घेता येतील या हेतूने काही सरकारांनी पत्रे पोचवायची जबाबदारी घेतली. सतराव्या शतकात एका ब्रिटिश उद्योगपतीने आपली खाजगी टपाल बटवडा पद्धत अमलात आणली.

आजची टपालसंस्था किंवा पोस्ट खातं हे स्वरूप यायला सुरुवात झाली ती इ. स. १८४० मध्ये. या वर्षी इंग्लंडमध्ये पहिली पोस्टाची तिकिटे छापली गेली. सर्व देशभर पोस्टाचे दर सारखे झाले. यानंतर इतर देशांनी इंग्लिश पद्धत अमलात आणली नि जगभर पोस्ट खात्याचे जाळे पसरले.

रबर कशाचे बनवतात?

रबर म्हटल्यावर आपल्या डोळ्यांसमोर पहिली गोष्ट उभी राहते, ती म्हणजे खोडरबर. रबराचे चेंडू, सायकल, स्कूटर, मोटारी, ट्रक्स यांच्या धावाही रबरी असतात. याशिवाय बागेतून पाणी घालायला वगैरे अजूनही रबरी नळ्या वापरल्या जातात.

रबराच्या झाडाचा चीक वाळवून, त्यावर काही प्रक्रिया करून आपले व्यवहारातले रबर तयार केले जाते. झाडापासून काढलेला चीक पांढरा असतो. तो वाळला की त्याला 'नैसर्गिक रबर' असे म्हणतात. हे रबर उष्णतेने वितळते नि अतिथंडीत भेगाळते. या रबरावर चार्ल्स् गुडइयर या अमेरिकनाने १९ व्या शतकात काही प्रयोग करून 'व्हल्कनायझिंग'ची प्रक्रिया शोधून काढली. या प्रक्रियेतून गेलेले 'औद्योगिक रबर' हे व्यवहारोपयोगी ठरले.

दक्षिण अमेरिकेतल्या रेड इंडियन जमातींना रबराच्या झाडाची खूप पूर्वीपासून माहिती होती. अमेरिकेत प्रथम गेलेल्या युरोपियन प्रवाशांनी रबर युरोपात आणले. रेड इंडियन लोक या रबराचे गोळे चेंडू म्हणून उपयोगात आणायचे.

रबराचे उपयोग वाढू लागल्यावर कृत्रिम रबराचा वापर सुरू झाला. पण पेट्रोलियम पदार्थांचे भाव वाढल्यावर कृत्रिम रबर महागले नि नैसर्गिक रबराची मागणी वाढली.

ब्राझील आणि इतर द. अमेरिकन देश यांच्यापेक्षाही आज मलेशिया रबरनिर्मितीत आघाडीवर आहे. द. भारतात रबराची झाडे लावायचे प्रयोग सुरू आहेत.

मोती कसे तयार होतात?

मोती शिंपल्यात तयार होतात हे आपल्याला पूर्वीपासून माहीत आहे. 'पडतील स्वाती तर पिकतील मोती' ही म्हणही आपण वापरत आलोय. सिलोनमध्ये रहिवासी आणि मलबारी लोक मोती काढण्याच्या विद्येत प्रवीण असल्याचे युरोपीय प्रवाशांनी लिहून ठेवले आहे. मोती शिंपल्यात तयार होतात हे आपल्याला माहीत होते; पण जपानी लोकांनी मोती कसे तयार होतात हे शोधून मोत्यांच्या निर्मितीप्रक्रियेचे रहस्य जगापुढे आणले आणि घाऊक प्रमाणात मोत्यांची निर्मिती सुरू केली.

समुद्र किनाऱ्यावर आपण शिंपले बघतो. यात 'कालव' नावाचा प्राणी असतो. या प्राण्याला जेव्हा शिंपल्यात शिरलेला एखादा वाळूचा कण टोचू लागतो तेव्हा, आपल्या पायात काटा गेल्यावर त्याभोवती ज्याप्रमाणे कुरूप होते, त्याप्रमाणे त्या कणाभोवती कालवाच्या शरीरातून शिंपल्याच्या मुख्य घटकाचे-कॅल्शियम कार्बोनेटचे लेप बसतात. हाच मोती होय. बहुदा हे मोती पांढऱ्या रंगाचे असतात. मात्र काही वेळा ते गुलाबी व काळेही असू शकतात.

कल्चर्ड मोतीही असेच बनतात. फक्त ते मोत्यांच्या शेतीत तयार होतात. 'मोत्यांची शेती' हा खास जपानी प्रकार असून तो आता जगन्मान्य झाला आहे व इतर देशांतूनही ही 'शेती' सुरू झाली आहे. समुद्रकिनारी बांध घालून कालवं वाढतील अशी परिस्थिती निर्माण केली जाते. या अडवलेल्या पाण्यात कालवांची पिले सोडली जातात. ती मोठी झाली की त्यांच्या शिंपल्यांत मुद्दामच कण सोडले जातात. हे कण कालवाच्या शरीरास त्रास देऊ लागले की त्याभोवती कालव मोती बांधते. हे मोती खऱ्या मोत्यांपेक्षा कुठल्याही बाबतीत कमी नसतात; मात्र त्यांची किंमत खूपच कमी असते.

चलनी नाणी केव्हापासून व्यवहारात आली?

चलनी नाणी व नोटा यांच्यामुळे आज व्यवहार खूपच सुलभ झाला आहे. आपण कुठेही बाहेर पडताना खिशात पैसे ठेवतो. हे पैसे देऊन आपल्याला हव्या त्या गोष्टी आपण विकत घेतो. पूर्वींच्या काळी जेव्हा चलन अस्तित्वात नव्हते, तेव्हा गरजेच्या वस्तूंची देवाणघेवाण होत असे. म्हणजे समुद्रकाठी राहणारे लोक आपल्याकडचे मीठ समुद्रापासून दूर राहणाऱ्या लोकांना द्यायचे आणि त्यांच्याकडून कापूस घ्यायचे किंवा लोकर नि कातडी देऊन तंबाखू नि काचेचे मणी घ्यायचे. असा देवाणघेवाणीचा व्यवहार पूर्वी चालत असे. यामुळे हा व्यवहार करणाऱ्या बाजारपेठा निर्माण झाल्या. मात्र या व्यवहारात खूप अडचणी होत्या. गाड्या भरभरून माल इकडून तिकडे हलवावा लागायचा.

या अडचणी दूर करण्याच्या प्रयत्नात प्रथम सोने-चांदीच्या चिपांमार्फत व्यवहार सुरू झाला. भारतात रामायण-महाभारत कालाच्या आधीपासून सुवर्णमुद्रा किंवा मोहरा अस्तित्वात होत्या. पाश्चात्त्य देशांत लिडियामध्ये इ. स. पू. ७०० मध्ये प्रथम सोने-चांदी यांच्या मिश्रणाच्या मुद्रा सापडतात. पुढे लिडियातून या मुद्रा ग्रीसमध्ये व तिथून रोमन साम्राज्यातही लोकप्रिय झाल्या. प्रत्येक राजा आपापल्या नवनव्या मुद्रा पाडत असे. यावर बहुधा राजाचा चेहरा किंवा स्तुतीपर मजकूर असे. याला राजाचा 'शिक्का' म्हणायचे. उत्तर हिंदुस्थानांत आजही नाण्याला 'सिक्का' असेच म्हणतात.

भारतात पूर्वींच्या काळापासून हुंडीची पद्धत होती, तर चीनमध्ये इ. सनच्या दुसऱ्या शतकापासून नोटा असल्याचा पुरावा मिळतो. स्वीडनमध्ये आधुनिक काळातल्या नोटा सर्वप्रथम व्यवहारात आल्या त्या सतराव्या शतकात. आता चेक, ड्राफ्ट अशा व्यवहारपद्धती अस्तित्वात आल्या आहेत. यामुळे हुंडीच्या पद्धतीला पुन्हा महत्त्व प्राप्त झाले आहे. म्हणजे व्यवहाराची दुनियादेखील गोलच आहे.

जनगणना कशासाठी करतात?

आज पृथ्वीवरल्या बहुतेक सर्व देशांमधून जनगणना केली जाते. पण जनगणना ही तशी फार जुनीच आहे. इ. स. पू. ४००० मध्ये पृथ्वीवरची लोकसंख्या साडेआठ कोटी होती, असे सांगितले जाते. पण त्या काळी तरी जनगणना कशासाठी केली जात होती?

पूर्वींच्या काळी राजे लोक प्रजेवर कर बसवायचे. त्यासाठी त्यांना ही माहिती

हवी असायची. शिवाय लढाईत लष्करात सामील होण्यासाठी सुदृढ माणसांची आवश्यकता भासायची; यासाठीही जनगणना केली जायची.

आज लोकसंख्येची माहिती मिळावी हाच जनगणनेचा प्रमुख हेतू असतो. सरकारला आपल्या लोककल्याणकारी योजना राबवायच्या झाल्या तर त्यासाठी योग्य तो अंदाज घ्यायचा असतो. कारण लोकसंख्येवर अवलंबून बऱ्याच गरजा कमी-जास्त प्रमाणात तीव्र बनत असतात. पिण्याचे पाणी, अन्न, दवाखाने आदी गोष्टी जनतेस पुरविण्यासाठी सरकारजवळ लोकसंख्येची माहिती असणे आवश्यक असते. यासाठी इ. स. १८७२ पासून आपल्या देशात दर दहा वर्षांनी जनगणना केली जाते.

सुई केव्हापासून अस्तित्वात आहे?

अत्यंत छोटी दिसणारी सुई ही आपल्या दृष्टीने अतिशय उपयुक्त अशी वस्तू आहे. सुईने महाभारतात प्रसिद्धी मिळवली ती दुर्योधनामुळे. 'सुईच्या अग्रावर मावेल एवढीसुद्धा जमीन मी पांडवांना देणार नाही' असे त्याचे उद्गार प्रसिद्धच आहेत. म्हणजे सुई ही त्याच्या आधीपासून अस्तित्वात होती.

आदिमानव जेव्हा वल्कले आणि प्राण्यांची कातडी वापरत होता, तेव्हा त्याच प्राण्याच्या हाडांचे तुकडे तो सुई म्हणून वापरायचा आणि दोरा म्हणजे त्या प्राण्याचेच आतडे किंवा कातडीचे तुकडे असायचे. कापडाचा शोध लागल्यावर काटे किंवा कधी कधी तांब्याच्या सुया वापरात यायला लागल्या, पण या सुयांना नेढे नसायचे.

चिनी लोकांनी प्रथम लोखंडी सुया केल्या. तिथून या युरोपात पोचल्या. जर्मनीत न्यूरेंबर्ग येथे युरोपमधला आद्य सुईनिर्मितीचा कारखाना होता. पहिल्या एलिझाबेथच्या काळात एलियास ग्राउज् या जर्मन माणसाने इंग्लंडमध्ये सुई कशी करायची हे तंत्र नेले. तिथून मग सुईचा जगभर प्रसार झाला.

पंचांग आणि दिनदर्शिकांचा उगम केव्हा झाला?

आदिमानवाच्या काळापासूनच अनेक निसर्गचक्रांची आपल्याला ओळख झाली. यात सूर्योदय व सूर्यास्त; चंद्राच्या कला या आपल्याला ठाऊक झालेल्या पहिल्या गोष्टी. नंतर मग ऋतुचक्रही लक्षात यायला लागले.

भारतात पंचांग हे फार पूर्वीपासून अस्तित्वात आहे. रामायण-महाभारतात

आणि सर्व पुराणांतून तिथी, मास, संवत्सर यांचे उल्लेख आहेत. रेडइंडियन प्रदेशात दगडावरच्या दिनदर्शिका आढळतात. प्राचीन सुमेरियन व इजिप्शियन संस्कृतीत दिनदर्शिका अस्तित्वात होत्या.

इ. स. पू. ४६ मध्ये रोमन सम्राट ज्युलियस सीझर याने जुने ग्रीक पंचांग झुगारून नव्या पंचांगाच्या दृष्टीने पाऊल उचलले. हे पहिले सौर पंचांग. या पूर्वीची पंचांगे व दिनदर्शिका चंद्रावर अवलंबून असायची. सीझरच्या दिनदर्शिकेत प्रथमच पृथ्वीस सूर्याभोवती फिरावयास लागणारा काळ म्हणजे वर्ष मानण्यात येत होते. सीझरच्या नंतर १६ व्या शतकापर्यंत ही दिनदर्शिका अबाधित होती.

इ. स. १५८२ मध्ये दिवसाची लांबी पुन्हा मोजण्यात आली. ती सीझरच्या खगोल शास्त्रज्ञाने गृहीत धरल्यापेक्षा थोडी कमी भरली. ही चूक पोप तेरावे ग्रेगरी यांनी सुधारली. म्हणून आज आपण जे कॅलेंडर वापरतो; त्याला 'ग्रेगोरियन कॅलेंडर' असे म्हटले जाते. या कॅलेंडरमध्ये जानेवारी ते डिसेंबर असे बारा महिने असतात. त्यात दर ४ वर्षांनी एकदा लीप (उडी) वर्ष येते. ४ ने भाग जाणाऱ्या वर्षात फेब्रुवारीचे दिवस २९ धरले जातात. हेच ते लीप वर्ष होय.

जगातली सात आश्चर्ये आज कुठं आहेत?

पूर्वीच्या काळी ईजिप्तचे पिरॅमिड, बॅबिलॉनची झुलती बाग, मुसोलसची कबर, डायनाचे मंदिर, हेलिऑसच्या ऱ्होड्सचा भव्य पुतळा, झिअसचा पुतळा, अलेक्झांड्रियाजवळचा फारोसचा दीपस्तंभ अशी सात आश्चर्ये मानली जायची. यांतले आता फक्त पिरॅमिड्स शिल्लक आहेत. सर्वांत मोठा पिरॅमिड म्हणजे गिझाचा पिरॅमिड. खुफू या इजिप्शियन राजाची नि त्याच्या राणीची ही कबर असे मानले जाते.

दुसरे आश्चर्य म्हणजे बॅबिलॉनची झुलती बाग. नेबुचाडनेझार या राजाने सुमारे २५०० वर्षांपूर्वी आपल्या राणीची इच्छा पूर्ण करण्यासाठी राजवाड्यांच्या भिंतींवर राजवाड्याच्या चारी बाजूंनी बागा निर्माण केल्या. इ. स. ५१४ मध्ये पर्शियाने बॅबिलॉनवर जो हल्ला केला त्या हल्ल्यात या बागा नष्ट झाल्या.

मुसोलसची कबर हे प्राचीन काळातले तिसरे आश्चर्य. मुसोलसच्या मृत्यूनंतर त्याच्या राणीनं ही कबर बांधली. ही कबर अंदाजे १०० फूट (३० मीटर) उंच होती आणि त्या कबरीवर एका भव्य रथातून राजा व राणी विहार करताहेत असा मोठा पुतळा होता. शिकंदरानं हालिकार्नाससवर जो हल्ला केला, त्या हल्ल्यात ही कबर मोडली गेली. म्हणजे आश्चर्य फार काळ टिकले नाही.

एफेससच्या डायनाचे मंदिर हे ६० फूट (१९ मीटर) उंचीच्या खांबावर उभारलेल्या छतामुळे जगातील चवथे आश्चर्य मानले जात असे. तुर्कस्तानच्या पूर्व भागात इ. स. पूर्व ३५० मध्ये हे बांधण्यात आले होते. हे फार पवित्र आणि सुरक्षित मानण्यात येत असे. अनेक लोक प्रवासास जाताना आपली संपत्ती इथे ठेवून जात. इ. स. २६२ मध्ये याचा नाश झाला.

हेलिऑसच्या ऱ्होड्सचा काशाचा पुतळा १०० फूट (३० मीटर) उंच होता. इ. स. पूर्व २८० मध्ये हा उभारण्यात आला आणि सुमारे ६० वर्षांनतर एका भूकंपात तो नष्ट झाला.

ऑलिंपिया येथल्या झिअस (इंद्र)चा पुतळा हे जगातले सहावे आश्चर्य. त्या काळातला आघाडीचा शिल्पकार फिडियास याने इ. स. पू. ४५० मध्ये हा पुतळा घडवला. या ३० फूट (९ मीटर) उंचीच्या पुतळ्याचे कपडे सोन्याचे; शरीर हस्तिदंताचे आणि डोळे हिऱ्याचे होते. खिस्तीधर्मीयांनी या पुतळ्याचा नाश केला.

इजिप्तमध्ये अलेक्झांड्रियाजवळच्या फारोस द्वीपकल्पावर पांढरा संगमरवरी दीपस्तंभ बांधण्यात आला. इ. स. पू. २८० मध्ये बांधलेला हा दीपस्तंभ ४०० फूट (१२० मीटर) उंचीचा होता. बाराव्या शतकात म्हणजे जवळजवळ १४०० वर्षांनी हा दीपस्तंभ कोसळला.

प्रतिध्वनी का ऐकू येतो?

गोलघुमटाचं नाव ऐकलंय? विजापूरला असलेल्या या इमारतीत आपण जर मित्राला हाक मारली तर ती पुन्हा सात वेळा ऐकू येते. टाळी वाजवली तर तिचेही असेच प्रतिध्वनी ऐकायला येतात किंवा मोठ्या इमारतीत, सभागृहातसुद्धा असे

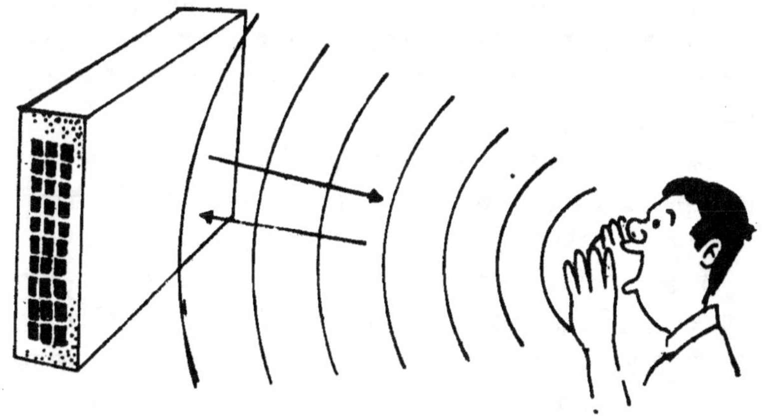

प्रतिध्वनी ऐकायला मिळतात. याचे कारण ध्वनिलहरी एखाद्या अडथळ्यावर आदळून पुन्हा परावर्तित झालेल्या असतात.

आपल्याला ठाऊकच आहे की, ध्वनी हवेमध्ये दर सेकंदास ११०० फूट (३४० मीटर) या वेगानं प्रवास करतो. आपण बोलतो म्हणजे विशिष्ट ध्वनिलहरींची स्वरयंत्राच्या सहाय्यानं निर्मिती करतो. जर या लहरींना असलेला अडथळा ५५ फुटांच्या आत असेल तर परत येणाऱ्या ध्वनिलहरी नि आपण निर्माण करत असलेल्या ध्वनिलहरी एकमेकींस अडथळा निर्माण करतात नि प्रतिध्वनी न येता नुसताच आवाज घुमतो. जर अडथळा ५५ फुटांच्या (१७ मीटर) पलीकडे असेल तर मात्र प्रतिध्वनी म्हणजे आपण उच्चारलेला शब्द आपल्याला जसाच्या तसा ऐकू येतो. याचे कारण ५५ फूट जाऊन परत यायला ध्वनिलहरींना ११० फूट अंतर कापावे लागते. यासाठी त्यांना १।१० सेकंद एवढा वेळ लागतो. या काळात आपल्या कानावर पडणाऱ्या आधीच्या ध्वनिलहरी दूर जातात नि नवा ध्वनी ऐकायला आपले कान पुन्हा तयार होतात. शिवाय मूळ ध्वनिलहरी आणि परत येणाऱ्या ध्वनिलहरीत अडथळे निर्माण होत नाहीत आणि स्पष्ट प्रतिध्वनी ऐकू येतो.

जर जाळीदार नक्षीची भिंत, लाकूड, जाड कापड यांचे अडथळे असतील तर प्रतिध्वनी निर्माण होत नाहीत. याचा फायदा घेऊन नाट्यगृहे, सभागृहे आदी ठिकाणी भिंतीवर असे पदार्थ बसवले जातात. त्यामुळे आपल्याला संवाद वा भाषण नीट ऐकू येते.

व्यापारी प्रदर्शने भरवायला केव्हापासून सुरुवात झाली?

पूर्वी गावोगाव बाजार असायचे. त्या काळी व्यापारी आपापला माल घेऊन गावोगाव हिंडायचे. गावागावातले बाजारचे दिवस ठरलेले असायचे. शिवाय ज्या सणाला ज्या देवाचे महत्त्व असायचे त्या ठिकाणी भक्त गर्दी करणार हे जाणून त्या देवळाच्या आसपास व्यापारी आपला माल मांडू लागायचे. यांतूनच निरनिराळ्या जत्रांना सुरुवात झाली.

आजकाल सणावारांपेक्षा बोनस जाहीर क्हायच्या वेळेला सेल लावले जातात. दिवाळीच्या आधी व्यापारी कमी भावात माल विकण्याच्या आकर्षक जाहिराती करतात. आता व्यापारी एका जागी असतात नि गिऱ्हाईके फिरतात.

हे झाले स्थानिक व्यापारापुरते. जागतिक व्यापारांत निरनिराळ्या लोकांना आपल्या मालाची देशी-विदेशी जाहिरात करायची इच्छा असते. त्यासाठी जागतिक व्यापारी प्रदर्शने भरवली जातात. जपानमध्ये भरलेलं एक्स्पो-७० हे असेच एक गाजलेले जागतिक प्रदर्शन.

लंडनमध्ये १८५१ मध्ये क्रिस्टल पॅलेस या ठिकाणी असे पहिले प्रदर्शन भरले. हे जवळजवळ ४।। महिने चालले नि साठ लक्ष लोकांनी या प्रदर्शनास भेट दिली. इ. स. १९३६ मध्ये एका आगीत 'क्रिस्टल पॅलेस' जळून गेला. अमेरिकेतले पहिले व्यापारी प्रदर्शन इ. स. १८५३ मध्ये न्यूयॉर्क इथे भरले होते.

भारतात १९७२ मध्ये दिल्लीतील प्रगती मैदानावर पहिले जागतिक औद्योगिक प्रदर्शन भरवले गेले. इथेच नंतर १९८२ मध्ये आशियाई खेळातल्या टेबलटेनिस आणि बॉक्सिंगच्या सामन्यांचीही व्यवस्था करण्यात आली होती.

पक्षी पिसे का विंचरतात?

बहुतेक सर्वच पक्षी एका जागी बसले की, चोचीने आपली पिसे विंचरताना आढळून येतात. पक्ष्यांना पंख फुटले की ते हा उद्योग सुरू करतात. पिसे साफ करणे हा या मागचा हेतू असतोच, पण त्यापेक्षाही या पिसांवर तेल पसरवणे हा या मागचा प्रमुख हेतू असतो. पक्ष्यांच्या शेपटीवर, ती जिथे शरीराला मिळते तिथे तैल ग्रंथी असतात.

हे तेल पिसांवर पसरले की, पिसे स्वच्छ तर होतातच, पण या तेलामुळे पक्ष्यांच्या शरीरावर पाणी पडताच ते निथळून जाते. शिवाय या तेलावाटे पक्ष्यांना डी जीवनसत्व मिळत राहते ते वेगळेच.

तिकिटे जमविण्याच्या छंदाचे फायदे काय?

आज लक्षावधी माणसे तिकिटे जमवताना आढळून येतात. हा छंद वाढीस लागला आहे तो गेल्या शंभर वर्षांत. पहिले तिकिट छापले गेले त्याला १९९० मध्ये दीडशे वर्ष पूर्ण झाली आहेत. बरीच माणसे हा छंद वेगवेगळ्या उद्देशाने जोपासतात, असे आढळून आले आहे. काहीजण केवळ छंद म्हणून तिकिट जमवतात, तर काही त्यातून फायदा मिळावा म्हणून तिकिटे जमवतात. जुनी आणि दुर्मीळ तिकिटं खूप महाग असतात.

भारतीय संस्थानांच्या दोन पैसे नि एक आण्याच्या तिकिटांची किंमत आज हजार रुपयांपर्यंत मिळते. विशेषत: बुंदी संस्थानाच्या तिकिटांना खूपच मागणी आहे.

चुकीच्या पद्धतीनं छापलेल्या तिकिटांना प्रचंड किंमत मिळते.

इंग्लंडमध्ये ब्रिटिश युवराज चार्ल्स् व डायना यांच्या विवाहप्रसंगी काढलेली खास तिकिटं, आशियाई खेळांसाठी काढलेली भारतीय तिकिटं अशा खास तिकिटांना खूपच मागणी असते.

बूच पाण्यावर कसे तरंगते?

आपण बुचाचा तुकडा पाण्यात टाकला तर तो पाण्यावर तरंगतो. ही गोष्ट आपल्याला शेकडो वर्षांपूर्वीपासूनच माहिती होती. पूर्वी बुचाचे मोठे तुकडे बुडत्या माणसाला वाचवण्यासाठी वापरले जात. पाण्यापेक्षा हलकी वस्तू पाण्यावर तरंगते. बूच म्हणजे ओकवृक्षाचं साल. या सालीमध्ये ती वाळल्यावर खूप हवा साठवण्याइतकी पोकळ जागा निर्माण झालेली असते. यामुळे बुचाचा तुकडा पाण्यात टाकला की, या हवेच्या सहाय्यानं तरंगतो.

ओक वृक्ष स्पेन, पोर्तुगाल, अमेरिका व भारतात आढळतात. ते ४० फूट म्हणजे १० मीटरपर्यंत उंच वाढतात. याचे खोड ३ ते ५ फूट (१ ते १॥ मीटर) व्यासाचे असते. साधारणपणे प्रथम वीस वर्षांनी व नंतर दर नऊ वर्षांनी ओक वृक्षाचे साल काढले जाते. हे चक्र झाड १०० ते १२५ वर्षांचे होईपर्यंत चालते.

बुचाचे तुकडे आज रबरी बुचांमुळे व्यवहारात दिसत नसले, तरी क्रिकेट व हॉकीच्या चेंडूंचा गाभा आणि ध्वनीनियंत्रित खोल्या यात वापरण्यात येतात.

हिऱ्याला व्यवहारात महत्त्व का प्राप्त झाले आहे?

माणसाला हिऱ्याबद्दल फार पूर्वीपासूनच आकर्षण वाटत आले आहे. अगदी मानवी संस्कृतीच्या सुरुवातीपासून हिरा मौल्यवान मानला जातो. तसेच तो अतिशय कठीण असतो हेही आपल्याला पूर्वीपासून ठाऊक होते. पूर्वी फक्त राजे-रजवाडे व अतिशय धनाढ्य माणसेच हिरे वापरत. रत्नांच्या व खड्यांच्या मानाने हिरे खूपच दुर्मीळ होते. त्याचबरोबर ते पैलू पाडल्यावर अतिशय आकर्षक दिसायचे. त्यातच हिऱ्याला पैलू पाडणे हे महाकठीण आणि तितकेच नाजूक काम! कठीणपणामुळे हिरा अक्षरश: हजारो वर्ष न झिजता राहू शकतो. त्याच्या तेजावरही वयाचा परिणाम होत नाही की, त्यावर चरेही पडत नाहीत.

अर्थात पैलू पाडेपर्यंत हिरा इतका सुंदर दिसेलच असे नाही. गारगोटी व हिरा यांच्यातला फरक कळायला तज्ज्ञ माणसाचीच आवश्यकता असते. तसेच पैलू पाडण्यासाठीही तज्ज्ञ माणसाची गरज असते.

हिऱ्याची किंमत, त्याचा आकार, वजन, पैलू आणि रंग यांवर ठरते. हिरा पांढरा, तांबूस निळसर किंवा पिवळी छटा असलेला असू शकतो. काळे व कमी प्रतीचे हिरे औद्योगिक हिरे म्हणून वापरले जातात. आजकाल औद्योगिक हिरे

कृत्रिमरीत्याही निर्माण करता येतात.

भारतात सुरत शहरात नि आसपासच्या भागात हिऱ्यांना पैलू पाडण्याचा मोठा व्यवसाय असून दरवर्षी या व्यवहारात ६० कोटी रुपयांची उलाढाल होते. भारतीय कारागीर हिऱ्याला पैलू पाडण्यात वाकबगार म्हणून जगभर प्रसिद्ध आहेत.

भारतात पन्ना इथे, आणि वज्रकरूर या ठिकाणी हिरे सापडतात.

गणिताची सुरुवात कशी झाली?

गणित म्हणजे आकड्यांचे शास्त्र. अगदी सुरुवातीला मानव जेव्हा वसाहती करून राहू लागला, तेव्हा त्याने प्राणी माणसाळवायला सुरुवात केली. हळूहळू या पाळीव प्राण्यांची संख्या वाढू लागली. त्या वेळेस हातांची बोटे हे संख्या मोजण्याच्या गणिताचे प्रमुख साधन होते. नंतर ओल्या मातीवर किंवा लाकडावर खुणा करून माणूस गणित करू लागला. अंकगणिताला इंग्रजीत 'ऑरिथ्मेटिक' असे म्हणतात. हा शब्द ग्रीक 'ऑरिथ्मॉस' वरून आलाय. याचा अर्थ संख्या. तर इंग्रजीत (०) शून्य ते (९) नऊ या अंकांना 'डिजिट्' अशी संज्ञा आहे. हा शब्द डिजिट्स (म्हणजे बोटे) या लॅटीन शब्दातून उगम पावलाय.

इजिप्शियन लोकांनी रेघांचा उपयोग आकडे मांडण्यासाठी केला. ग्रीक लोक यासाठी अक्षरे वापरायचे, तर रोमनांनी I,II,III अशा संख्या लिहिल्या. चार म्हणजे एक कमी पाच म्हणून IV असा लिहिला जाई; तर सहा, पाच अधिक एक म्हणून VI असा लिहिला जात असे. दहासाठी X ही खूण होती. त्यामुळे नऊ (IX) आणि अकरा (XI) हे एक कमी दहा, दहा अधिक एक असे लिहिले जायचे. वीस म्हणजे XX तर L म्हणजे ५० आणि 'C' म्हणजे १०० (सेंचुरी). D म्हणजे ५०० आणि M म्हणजे हजार. ही अक्षरांची मालगाडी बरीच मोठी असे.

भारतात शून्याचा शोध लागल्यावर अरबांनी शून्य युरोपात नेले. शून्याला अरबी भाषेत सिफ्र म्हणत. त्यावरून युरोपिय भाषेत 'झीरो' ही शब्द तयार झाला. शून्य ही संकल्पना युरोपात रुजली नि मग गणिताचा प्रसार झपाट्याने झाला.

'पेन' चा शोध कसा लागला?

फाऊंटन पेनला मराठीत 'झरणी' असा शब्द आहे. 'बॉल पॉइंट पेन' चा शोध लागेपर्यंत 'पेन' हे लिहायचे अत्यावश्यक साधन ठरले होते. त्यामुळे दौत, टाकांना रजा मिळाली. पेन म्हणजे पाठीवर दौत बाळगणारा टाक. विशेषत:

प्लॅस्टिकच्या शोधानंतर तर अतिशय स्वस्त अशी पेनं बाजारात उपलब्ध होऊ लागली. भारतात पिसांचा उपयोग टाक म्हणून केला जात असे. त्यानंतर बोरूचा वापर होऊ लागला. बोरूला टोक करणे ही एक कला होती. शिवाय शिक्षणाकरिता धूळपाटी असायची.

इजिप्तमध्ये लाकडी काडीवर तांब्याचे टोक बसवून त्याचा लिहिण्यासाठी उपयोग केला जात होता. ग्रीसमध्ये या कामासाठी हस्तिदंत वापरले जात होते. तर चीन व जपानी चित्रलिपी ब्रशांच्या सहाय्याने लिहिली जायची.

पहिले फाऊंटन पेन एल. ई. वॉटरमन या माणसाने १८८४ मध्ये बनवले. यानंतर बऱ्याच इतर लोकांनीही पेन बनवायला सुरुवात केली. यातल्या शेफर आणि पार्कर या पेनं बनवणाऱ्या कंपन्या आजकाल फार प्रतिष्ठेच्या मानल्या जातात.

'पेन्सिल' केव्हा अस्तित्वात आली?

'पेन्सिल' ही आपल्या जीवनातील फार उपयुक्त गोष्ट आहे. बहुतेक सर्व बांधकामे, वाहने, शस्त्रास्त्रे, युद्धोपयोगी साहित्य, पूल, धरणे आदी महत्त्वाच्या गोष्टी प्रथम कागदावर उतरतात. हे कच्चे आराखडे पेन्सिलने तयार केले जातात; कारण चूक निदर्शनास येताच ती खोडून त्यात योग्य बदल करणे सोपे असते.

आजची पेन्सिल २०० वर्षांपूर्वी जन्माला आली. पूर्वी ग्राफाईट या कार्बनच्या

नैसर्गिक रूपाचा उपयोग लिहिण्यासाठी केला जायचा. इ. स. १७९५ मध्ये एन. जे. कोंडे या माणसाने ग्राफाइट आणि चिनी माती यांचे मिश्रण भाजून त्याचे शिसे (म्हणजे पेन्सिलमध्ये वापरतात ते, शिसे हा धातू नव्हे) बनवले व हे शिसे वापरून लिहिले जाऊ लागले.

आता तर रंगीत पेन्सिलीही बाजारात आल्या. एकदा शिसे लाकडात बसवायची युक्ती सापडल्यावर मग हे सर्व शक्य झाले.

झेंड्याचा वापर केव्हापासून सुरू झाला? व तो वापरायचे नियम कोणते?

झेंडा हे मानाचे प्रतीक आहे. राष्ट्रीय ध्वज हा राष्ट्राची निशाणी आहे. या झेंड्यासाठी हजारो देशभक्तांनी आपले प्राण खर्ची घातले हे आपण इतिहासात वाचले आहे. तसेच एव्हरेस्टवर तिरंगी ध्वज फडफडला, दक्षिण ध्रुवावर राष्ट्रध्वज, अशा बातम्याही आपण ऐकतो. शत्रूचा भूभाग जिंकला जातो तेव्हा तिथला शत्रूचा झेंडा उतरवून आपला झेंडा वर चढवला जातो. पण असे मानाचे स्थान मिळवणारा ध्वज अस्तित्वात कसा आला?

महाभारतीय युद्धात कुरुक्षेत्राचे वर्णन करताना वेगवेगळ्या ध्वजांचे वर्णन आहे. रामायणातही ध्वजांचे वर्णन आहे. पुराणांतून निरनिराळ्या असुरांच्या नि देवांच्या ध्वजांची वर्णने आढळतात. शिवाजीमहाराजांचा भगवा ध्वज तर प्रसिद्धच आहे. पाश्चात्त्य देशांतून व्हायकींगचे ध्वज, रोमन साम्राज्यातले ध्वज, बायबलमधले ध्वज असे वेगवेगळे उल्लेख आढळतात.

थोडक्यात म्हणजे ध्वज हे राष्ट्रीय मानाचे प्रतीक, ही कल्पना फार पूर्वीपासून आपल्या मनात रुजली आहे.

१९४७ साली आपला देश स्वतंत्र झाला तेव्हा आपण तिरंगी झेंड्याचा स्वीकार केला. भारतीय राष्ट्रध्वज केशरी, पांढरा आणि हिरवा या तीन रंगांचा असून त्याच्या मध्यभागी पांढऱ्या भागात अशोकचक्र असते. ते निळ्या रंगाचे असते.

या झेंड्याबद्दल काही नियम आहेत आणि ते पाळणे आपले राष्ट्रीय कर्तव्य आहे. यातले काही महत्त्वाचे नियम असे- जेव्हा खिडकीची कड, सज्जा अगर इमारतीचा पुढील भाग अशा ठिकाणी आडव्या किंवा तिरक्या बसवलेल्या काठीवरून ध्वज फडकवण्यात येतो, तेव्हा ध्वजाची केशरी बाजू काठीच्या वरच्या टोकाकडे असावी. इतर वेळेसही केशरी रंगाचा पट्टा सर्वांत वर असावा. ध्वज उभा लावण्यात आला असेल तर ध्वजाची केशरी रंगाची बाजू ध्वजाच्या उजव्या म्हणजे समोर उभ्या

राहिलेल्या व्यक्तीच्या डाव्या बाजूस असावी.

फाटलेला अथवा चुरगळलेला ध्वज लावता कामा नये. एखाद्या व्यक्तीस अगर वस्तूस मानवंदना देण्यासाठी ध्वज खाली आणू नये.

दुसरा कोणताही ध्वज अगर पताका राष्ट्रध्वजाच्या वरच्या बाजूस अगर राष्ट्रध्वजावर किंवा त्याच्या बरोबरीने समान पातळीवर लावू नये.

टेबल झाकण्यासाठी अथवा व्यासपीठावर आच्छादन किंवा पडदा म्हणून राष्ट्रध्वजाचा वापर करू नये.

ध्वजाचा स्पर्श जमिनीस होऊ देऊ नये.

ध्वज फाटेल अशा पद्धतीने फडकवू नये. प्रजासत्ताक दिन, स्वातंत्र्य दिन, राष्ट्रीय सप्ताह (६ एप्रिल ते १३ एप्रिल, जालियनवाला बाग स्मृती), महात्मा गांधी जयंती, राज्याचा वर्धापनदिन आणि राष्ट्रपतींनी जाहीर केलेले इतर दिवस या प्रसंगी राष्ट्रध्वज उभारण्यावर बंधने नसतात. आता या नियमात थोडे बदल झाले आहेत.

ध्वजाबद्दलची माहिती व अधिकृत नियम शासनाच्या प्रसिद्धी कार्यालयातून मिळू शकतात. ही माहिती देणाऱ्या पुस्तिकेस ध्वजसंहिता म्हणतात.

गुहा कशा तयार होतात?

आदिमानव गुहेत राहत होता हे आपण वाचतो. लंकेला निघालेला हनुमान गुहेत शिरला होता. वाली आणि सुग्रीव यांच्या गुहा होत्या. भगवान कृष्ण जांबुवंताच्या गुहेत शिरले होते. ग्रीक लोकांचे अनेक देव गुहेत राहायचे. असा गुहेचा मानवाशी पुरातन संबंध आहे. पर्वतात किंवा डोंगरात एका बाजूने बंद असलेली मोठी पोकळी म्हणजे गुहा हेही आपल्याला माहीत असते. गुहा या काही वेळा समुद्रकिनारी असतात. लाटा खडकांवर आपटून आपटून अशा गुहा तयार होत असतात. चुनखडकातून झिरपणारे पाणी चुनखडकातले कॅल्शियम कार्बोनेट वाहून नेत असते, ही क्रिया पर्वतांमध्ये लक्षावधी वर्षे चालू असते. यामुळे चुनखडकांच्या पोटात प्रचंड पोकळ्या असतात. या पोकळ्यांतून झिरपणाऱ्या पाण्यातील कॅल्शियम कार्बोनेट साठत राहून त्यांचे स्तंभ तयार होतात.

याशिवाय ज्वालामुखीजवळच्या पर्वतात खूप गुहा सापडतात. बरेचदा वरचा लाव्हा घट्ट होतो. कारण तो हवेच्या संपर्कात असतो. त्याखालून गरम लाव्हाचा प्रवाह चालू राहतो. ज्वालामुखीचा उद्रेक थांबला की, लाव्हा वाहून गेलेल्या ठिकाणी गुहा तयार होतात.

पहिला बृहद् ज्ञानकोश-एनसायक्लोपीडिया केव्हा छापला गेला?

एनसायक्लोपीडिया म्हणजे सर्वसमावेशी शिक्षक. साधारणपणे आजकाल हा सर्वसमावेशक ज्ञानकोश हा एक किंवा अनेक खंडांत असतो. तो मानवी ज्ञानाच्या निरनिराळ्या शाखांची अकारविल्हे म्हणजे आद्याक्षरांप्रमाणे शब्दांची मांडणी करून माहिती देत असतो. याशिवाय काही विशिष्ट विषयांचे ज्ञानकोशही आजकाल उपलब्ध आहेत. यात वैद्यकीय, तांत्रिक विषयांचे शब्दकोश, तसेच मुलांसाठी सचित्र ज्ञानकोश असतात.

ज्ञानकोशाची सुरुवात स्पेयुसिप्पस याने इ. स. पू. ३३८ मध्ये केली. या ज्ञानकोशात इतिहास, गणित आणि तत्त्वज्ञान यांची माहिती होती. भारतात ऋषी आणि वेदपाठ करणारी मंडळी ही चालती-बोलती ज्ञानकोशाची आवृत्ती; कारण त्या काळातले सर्व ज्ञान त्यांना मुखोद्गत असायचे.

प्लिनीनं खि. पू. पहिल्या शतकात लिहिलेल्या ज्ञानकोशाचे ३७ खंड असून त्यांत ४५० लेखकांनी लिहिलेले २०,००० माहितीपूर्ण लेख आहेत. इ. स. १५३६ पर्यंत या 'नॅचरल हिस्टरी' नावाच्या ज्ञानकोशाच्या १४३ आवृत्ती निघाल्या.

इ. स. १४०३ ते १४०८ च्या दरम्यान चीनमध्ये राजाश्रयाने 'ग्रेट स्टॅंडर्ड एनसायक्लोपीडिया' या नावाचा पाच हजार वीस खंडांचा एक ज्ञानकोश लिहिला गेला. या ज्ञानकोशनिर्मितीस २००० तज्ज्ञ झटले. 'युनिव्हर्सल इंग्लिश डिक्शनरी ऑफ आर्ट्स् अँड सायन्स' हा पहिला अकारविल्हे लिहिलेला ज्ञानकोश हा जॉन हॅरिस या इंग्लिश धर्मगुरूने लिहिला होता.

छपाई कलेने युरोपात मूळ धरल्यावर सतराव्या आणि अठराव्या शतकात भराभर ज्ञानकोश छापले जाऊ लागले. 'एनसायक्लोपीडिया ब्रिटानिका' हा तर फारच प्रसिद्ध ज्ञानकोश आहे. याची पहिली आवृत्ती इ. स. १७६८ मध्ये निघाली. आता या ज्ञानकोशाची अमेरिकन आवृत्ती निघते. या ज्ञानकोशाच्या ३० खंडांची किंमत २६००० रुपयांपर्यंत जाते आणि वजन अंदाजे ५५ किलो असते. दरवर्षी या ज्ञानकोशाच्या ५ लाखांपर्यंत प्रती खपतात.

मराठीत पहिला ज्ञानकोश संकलित करण्याचे काम ज्ञानकोशकार केतकर यांनी केले. आता महाराष्ट्र शासनाने २० खंडांचा ज्ञानकोश जवळजवळ पूर्ण करायचे काम हाती घेतले असून काही खंड विक्रीस उपलब्ध केले आहेत.

पोलिस खाते कधी अस्तित्वात आले?

कायदा आणि सुव्यवस्था राखण्यासाठी शासनाची जी शाखा काम करते त्याला पोलिस खाते असे म्हणतात. मूळचा इंग्लिश असलेला 'पोलिस' हा शब्द आता मराठी झाला आहे, तर पोलिस बंदोबस्तातला बंदोबस्त हा शब्द फारसी असून तो इंग्लिशमध्ये गेला आहे.

गुन्हेगारांना पकडणे, दंगलींना आळा घालणे आणि समाजजीवन सुरळीत व सुविहीत चालण्यास मदत करणे ही कामगिरी मुख्यत्वेकरून पोलिस खात्याकडे असते.

पूर्वी जेव्हा आदिमानव छोट्या छोट्या टोळ्यांतून राहात असे, तेव्हा सगळ्यांत शक्तिमान माणूस टोळीप्रमुख असे आणि तो म्हणेल ती पूर्व दिशा अशी परिस्थिती असे. त्यामुळे तोच स्वत: आपल्या टोळीपुरते पोलिसी काम बघायचा. पुढे हेच काम सैनिक व राजाचे अंगरक्षक करू लागले. भारतात ग्रामराज्य असताना हे काम कोतवालांकडे आले.

पाश्चात्त्य देशांत रोमचा राज्यकर्ता सीझर ऑगस्टस याने इसवीसनाच्या सुरुवातीच्या काळात नागरी सुरक्षा दलाची प्रथम स्थापना केली.

इंग्लंडमध्ये सातव्या शतकात जनतेच्या संरक्षणासाठी आणि तक्रार निवारणासाठी स्वतंत्र आंतरिक सुरक्षा दलाची आवश्यकता लोकांना भासू लागली. हे सुरक्षा दल राजाच्या हुकमतीखाली नसलेले बरे; असेही इंग्लिश प्रजेस वाटू लागले. यातून हळूहळू पोलिस खाते निर्माण झाले. पुढे हीच पद्धत अमेरिकेने उचलली. भारतीय कोतवाली नष्ट करून ईस्ट इंडिया कंपनीने भारतात पोलिस खात्याची सुरुवात १७९२ मध्ये केली.

विद्यापीठांची सुरुवात कधी झाली?

विद्यापीठ म्हणजे विद्यार्थ्यांसाठी उभारलेले, सर्व प्रकारचे ज्ञानदान करणारे केंद्र. आज आपल्याकडे विद्यापीठे आणि त्यांच्याशी संलग्न असलेली महाविद्यालये दिसतात. ही पद्धत आपण पाश्चात्त्यांकडून घेतली. पण तरीही विद्यापीठ ही संकल्पना मूळ भारतीय आहे, ही आपल्याला अभिमान वाटावा अशी गोष्ट आहे.

तक्षशीला आणि नालंदा ही विद्यापीठे, ज्याला आजकाल रेसिडेन्शियल युनिव्हर्सिटीज म्हणतात त्या स्वरूपाची होती. येथे चीन आणि अतिपूर्वेकडील देश, तसेच अफगाणिस्तान, पर्शिया, एवढेच काय तर ग्रीसमधूनसुद्धा विद्यार्थी येत

असत. तक्षशीलेचे विद्यापीठ पाहून सम्राट सिकंदर थक्क झाला होता, असा उल्लेख इतिहासात सापडतो. ग्रीसमध्येही विद्यापीठे होती. ग्रीक आणि रोमन साम्राज्यात प्लॅटो, सॉक्रिटीस, प्लिनी पहिला, प्लिनी दुसरा असे अनेक विद्वान गुरुजन आपल्या विद्यार्थ्यांसाठी ज्ञानसत्र चालवीत असत.

आधुनिक विद्यापीठांकडे बघायचे झाले तर नवव्या शतकातल्या सालेर्नो येथील वैद्यक विद्यापीठाकडे हा मान जायला हवा; पण याला इ. स. १२३१ मध्ये विद्यापीठ म्हणण्यात येऊ लागले. मोरोक्कोमध्ये इ. स. ८५९ मध्ये एक विद्यापीठ सुरू झाल्याची नोंद आहे.

१३ व्या शतकात पॅरिस, ऑक्सफर्ड व केंब्रिज या जगप्रसिद्ध विद्यापीठांची सुरुवात झाली. आज भारतातही पुष्कळ विद्यापीठे आहेत.

चष्मा केव्हापासून अस्तित्वात आला?

आजकाल चष्मा ही सर्वत्र दिसणारी गोष्ट झाली आहे. डोळ्यांचे धुळीपासून संरक्षण करणाऱ्या शून्य नंबरी भिंगापासून वेगवेगळ्या नंबरांचे चष्मे आपल्याला लोकांच्या डोळ्यांवर दिसतात. दृष्टी अधू झाली की, माणूस चष्मा वापरू लागतो.

हे चष्मे सुमारे ७०० वर्षांपूर्वी अस्तित्वात आले. इ. स. १२६६ मध्ये रॉजर बेकनने एका घासलेल्या काचेच्या तुकड्यातून पुस्तकातले शब्द मोठे दिसतात हे बघितले. हा काचेचा तुकडा एका काचेच्या गोळ्यातून वेगळा केलेला होता. यानंतर वेगवेगळी भिंगे तयार करण्याचा उद्योग युरोपात भरभराटीस आला. मात्र या भिंगाभोवती चौकट आणि कानांवर ठेवायच्या काड्या कधी आल्या हे सांगणे अवघड आहे.

सुरुवातीच्या काळात एक भिंगी चष्मे अस्तित्वात होते. यात एकाच डोळ्यावर लावायचे भिंग असायचे व ते बाहेरून डोळ्याच्या खोबणीत बसवावे लागायचे. हे चष्मे गरिबांना परवडण्यासारखे नव्हते. ते सरदार-उमरावांच्या कोटाच्या खिशाला सोन्या-चांदीच्या साखळीने बांधलेले असत.

इ. स. १३५२ मधल्या एका व्यक्तिचित्रात एका धर्मगुरूच्या डोळ्यांवर चष्मा रेखाटण्यात आलेला आहे. म्हणजे त्यापूर्वीच चष्मा अस्तित्वात आला असणार.

इ. स. १७८४ मध्ये बेंजामिन फ्रँकलीनने अमेरिकेत द्विकेंद्री-बायफोकल चष्मे तयार केले, तर ब्रिटिशांनी भारतात चष्म्याचे युग आणले.

प्रकाशकिरण आपल्या बुबुळांतून डोळ्यांत प्रवेश करतात. इथून ते आपल्या डोळ्यांत असलेल्या नैसर्गिक बहिर्गोल भिंगातून दृक्पटलावर पडतात; यामुळे

बाहेरून आलेल्या कुठल्याही वस्तूची प्रतिमा आपल्या दृक्पटलावर उमटते ती उलटी होऊन. इथून दृक्मज्जा हे संदेश किंवा ही प्रतिमा आपल्या मेंदूत पोचवते. तिथे या प्रतिमेचा अर्थ लावला जातो.

जेव्हा डोळ्यांतील नैसर्गिक भिंगात दोष उत्पन्न होऊन बाह्य वस्तूची प्रतिमा दृक्पटलावर न पडता दृक्पटलाच्या पुढे किंवा मागे पडते किंवा दृक्पटलाच्या मध्यावर न पडता बाजूला पडते, तेव्हा दृष्टिदोष निर्माण होतो. अशा वेळी योग्य त्या प्रकारचे भिंग बसवून ही प्रतिमा पुन्हा दृक्पटलावर पडेल अशी व्यवस्था केली जाते. हाच आपला चष्मा!

जगातल्या सर्वोच्च शिखराला 'माउंट एव्हरेस्ट' हे नाव कसे पडले?

माउंट एव्हरेस्ट हे पूर्व हिमालयातले शिखर. हा पृथ्वीवरचा जमिनीचा सर्वोच्च बिंदू आहे. याची उंची ८८४८ मीटर म्हणजे २९०२७ फूट आहे. माउंट एव्हरेस्ट हे नेपाळ-चीन यांच्या सरहद्दीवर उत्तर नेपाळमध्ये आहे. या शिखरास पूर्वी 'सागरमाथा' असे म्हणण्यात येत असे.

इ. स. १८५२ मध्ये इस्ट इंडिया कंपनीने जनरल सर जॉर्ज एव्हरेस्ट यांच्या नेतृत्वाखाली ब्रिटिश सरकारच्या हिंदुस्थानातल्या व्हाईसरॉयच्या परवानगीने एक सर्वेक्षण तुकडी हिमालयाचे सर्वेक्षण करण्यासाठी पाठवली. कलकत्त्याहून ब्रिटिश अमलाखालील हिंदुस्थानच्या सरकारने या मोहिमेला अधिकृत मान्यता दिली. या तुकडीत 'राधानाथ' नावाचा भारतीय सर्वेयर होता. त्यानं 'सरगमाथ्या'ची उंची

सर्वप्रथम मोजली, पण या तुकडीचे नेतृत्व करणाऱ्या सर जॉर्ज एव्हरेस्ट यांचे नाव या शिखरास देण्यात आले. इ. स. १९२१ मध्ये एव्हरेस्ट सर करण्याचा प्रथम प्रयत्न झाला. २९ मे १९५३ ला एडमंड हिलरी व तेनसिंग नोर्गे या दोन गिर्यारोहकांनी एव्हरेस्टवर प्रथम पाय ठेवण्याचा मान मिळवला. तेनसिंगचा नातेवाईक नवांगगोंबू याने तीनदा एव्हरेस्ट शिखर जिंकले. १९८६ मध्ये तेनसिंगचे निधन झाले.

ग्रंथालयांची सुरुवात केव्हा नि कशी झाली?

भारतात प्राचीन काळापासून ग्रंथ जतन करून ठेवायची पद्धत होती. हे ग्रंथ ताडपत्रांवर लिहिलेले असत. याशिवाय पॅपिरी (पॅपिरसचे अनेकवचन) वर लिहिलेला मजकूर गुंडाळ्या करून ठेवण्यात येत असे. पॅपिरी म्हणजे विशिष्ट प्रक्रिया केलेल्या झाडांच्या साली. इजिप्तमध्ये अलेक्झांड्रिया शहरात इ. स. पू. ३०० च्या आसपास एक ग्रंथालय होते. यात ७ लक्ष पॅपिरी १२० विषयवार भागात विभागण्यात आल्या होत्या. रोममध्ये ज्युलियस सीझरच्या काळात प्रथम ग्रंथालये सुरू करण्यात आली. भारतातल्या आश्रमशाळांत ग्रंथसंग्रह व पोथ्या असायच्याच, पण त्यांचा जास्त भर पाठांतरावर असायचा.

आपल्या धर्मग्रंथांत नसलेला मजकूर जाळायचा म्हणून पोर्तुगीज खलाशांनी अमेरिकन इंडियन जमातींची ग्रंथसंपत्ती नष्ट केली, तर मुसलमानांनीही कुराणबाह्य मजकुरास पाखंड समजून बरेच ग्रंथ जाळले. हिटलरने ज्यू वंशियांनी लिहिलेल्या पुस्तकांची होळी केली.

आज मात्र पुस्तकांसाठी ग्रंथालये ही एक चांगली सोय मानण्यात येते. बहुतेक सर्व शाळा-कॉलेजांमध्ये ग्रंथालये असतात. ऑक्सफर्ड विद्यापीठातील ग्रंथालय १४ व्या शतकाच्या अखेरीस सुरू झाले. येथे खूप दुर्मीळ ग्रंथ आहेत. व्हॅटिकन येथील ग्रंथालय आणि अमेरिकन लायब्ररी ऑफ काँग्रेस ही दोन ग्रंथालये आज पृथ्वीवरची सर्वांत समृद्ध ग्रंथालये मानण्यात येतात. तिसरे प्रचंड मोठे ग्रंथालय म्हणजे मॉस्कोतील लेनीन ग्रंथालय हे होय.

प्राणिसंग्रहालये केव्हापासून अस्तित्वात आली?

मुंबईत राणीचा बाग, पुण्यात राजीव गांधी सर्पोद्यान अशी प्राणिसंग्रहालये आपण पाहतो. न्यूयॉर्कच्या 'ब्रॉक्स झू' चे नावही आपण ऐकून असतो. प्राणिसंग्रहालयात

आपल्याला नाना देशांतले चित्रविचित्र प्राणी बघायला मिळत असतात. आजकाल बऱ्याच प्राणिसंग्रहालयांतून प्राण्यांना त्यांच्या नैसर्गिक वातावरणात ठेवण्यात येते.

प्राणिसंग्रहालयांची सुरुवात केली ती प्राचीन राजेरजवाड्यांनी. षोक म्हणून यांच्याकडे हरणे, पोपट, मैना, हंस आदी पशुपक्षी पाळण्यात येत असत. राजाच्या स्वादिष्ट भोजनासाठी राखीव कुरणांतून बरेच प्राणी सोडलेले असत. शिवाय एकमेकांना भेट देण्यासाठी राजेलोक या प्राण्यांचा उपयोग करीत.

अशा प्राणिसंग्रहालयाचा पहिला मान्यताप्राप्त उल्लेख सापडतो तो चीनमधला. इ. स. पूर्व ११५० मध्ये चिनी सम्राटांकडे प्राणिसंग्रहालय होते; अर्थातच सामान्य माणसाला तिथं प्रवेशबंदी होती. आपल्या इतिहासात बिंदुसार, अशोक आणि समुद्रगुप्त या राजांच्या राज्यात प्राणिसंग्रहालये असल्याचे उल्लेख आहेत. सामान्य माणसांसाठी निर्माण झालेले पहिले प्राणिसंग्रहालय इ. स. १७९३ मध्ये पॅरिस येथे सुरू झाले. यानंतर लंडन, बर्लिन इत्यादी ठिकाणी प्राणिसंग्रहालये सुरू झाली. यांतले पश्चिम बर्लिनमधले प्राणिसंग्रहालय हे सर्वांत मोठे प्राणिसंग्रहालय मानण्यात येते. येथे १३००० हून जास्त पशुपक्षी आहेत व २४०० प्रकारचे मासे आहेत. भारतात कलकत्ता, म्हैसूर, दिल्ली व त्रिवेंद्रम येथील प्राणिसंग्रहालये प्रसिद्ध आहेत.

आजकाल निसर्गातून नाहीशा होत चाललेल्या अनेक पशुपक्ष्यांची पैदास प्राणिसंग्रहालयातून केली जाते. या दृष्टीनं सर्व जगभर प्राणिसंग्रहालयांना महत्त्व प्राप्त झाले आहे.

संगमरवर कसा तयार होतो?

संगमरवर हा खडक निरनिराळ्या रंगात उपलब्ध असतो; पण स्वच्छ पांढरा संगमरवर हा फार पूर्वीपासून इमारतींचे बांधकाम आणि शिल्पकाम करणाऱ्या लोकांचा आवडता दगड आहे. ताजमहाल, अबूची दिलवाडा मंदिरे ही अशा तऱ्हेची उत्कृष्ट उदाहरणे आहेत.

संगमरवर हा खडक चुनखडकावर तीव्र तापमान आणि प्रचंड दाब याचा परिणाम झाल्यामुळे तयार होतो. यामुळे, संगमरवराचे रासायनिक पृथ:करण केले तर संगमरवर हा बहुतांशी कॅल्शियम कार्बोनेट या रासायनिक संयुगाने बनल्याचे आढळून येते. मॅग्नेशियम, अॅल्युमिनियम किंवा लोह आणि अत्यल्प प्रमाणात तांबे यांच्या सिलिकेटसमुळे संगमरवरास निरनिराळ्या रंगांच्या छटा प्राप्त होतात.

पूर्वी संगमरवराचे मोठमोठे खंड काढण्यासाठी विशिष्ट पद्धत वापरली जात होती. संगमरवरावर चौकोनी किंवा हव्या त्या आकारात गवत ठेवले जायचे. हे गवत पेटवायचे नि मग एकदम त्यावर पाणी ओतले जायचे; त्यामुळे संगमरवरास हव्या तेथे भेगा पडत

असत. आता स्फोटक द्रव्ये आणि यांत्रिक पद्धतीने संगमरवराचे तुकडे करतात. संगमरवराचे मुख्य खनिज जे कॅल्साइट याचे काठीण्य कमी असल्याने छिन्नी-हातोड्याने संगमरवरास आकार देणे आणि चकाकी देणे या दोन्ही गोष्टी सोप्या होतात.

राजस्थानातील मकराना येथला संगमरवर सुप्रसिद्ध ताजमहालासाठी वापरण्यात आला होता.

पहिला शब्दकोश कधी लिहिला गेला?

शब्दांचे प्रतिशब्द आणि त्यांचे अर्थ दर्शविणारे पुस्तक म्हणजे शब्दकोश. काही शब्दकोशांत शब्दांचा अर्थ दिलेला असतो, तर काही शब्दकोशांत शब्दोच्चार, अर्थ आणि उत्पत्ती इतकी माहिती दिलेली असते. अर्थात शब्दकोशास आजचे स्वरूप प्राप्त व्हायला बरीच शतके जावी लागली.

इ. स. पूर्वीपासून अस्तित्वात असलेल्या अमरकोशानंतर आजच्या शब्दकोशांचा पूर्वज शोधायचा तर इ. स. १२२५ मध्ये जॉन गार्लंडने रचलेल्या लॅटिन शब्दकोशाकडे हा मान जातो. इ. स. १५५२ मध्ये पहिला इंग्लिश शब्दकोश रचला गेला. हे काम रिचर्ड हुलोएतने केले. या शब्दकोशात आधी इंग्लिश शब्द, मग त्यांचा इंग्लिशमध्ये अर्थ आणि नंतर मग त्या इंग्लिश शब्दास लॅटिन प्रतिशब्द लिहिलेला होता. यात २६ हजार शब्द होते. हा शब्दकोश खूपच लोकप्रिय झाला.

आज ऑक्सफर्ड इंग्लिश डिक्शनरीकडे जगातली सर्वांत मोठी डिक्शनरी म्हणून बघितले जाते. या शब्दकोशाचे १२ खंड असून एकूण पृष्ठसंख्या १५४८७ आहे. प्रथम १८८४ मध्ये संकलित केलेल्या या शब्दकोशांत १९३३ मध्ये ९६३ पृष्ठांची भर पडली. तर १९७४ मध्ये दोन खंडांची भर पडली.

आज बाजारात वेगवेगळ्या वैज्ञानिक, तांत्रिक आणि इतर विषयांचेही खास शब्दकोश उपलब्ध आहेत आणि ते उपयुक्तही ठरले आहेत.

आठवड्याच्या वारांची नावं कशी ठरवली गेली?

सात दिवसांचा आठवडा हे आपण लहानपणीच शिकतो. या वारांची नावंही आपण पाठ करतो. ही नावं ग्रहांची आहेत, हे आपल्या लगेच लक्षात येते. आठवड्याचा पहिला वार सूर्याचा. सूर्य हा तारा आहे, पण पूर्वीच्या ज्योतिषांनी त्याला कुंडलीत ग्रह म्हणून स्थान दिले होते. यामुळे रवीला वार मिळाला तो

रविवार. सोमवार हा चंद्राचा, मंगळ, बुध, गुरू, शुक्र आणि शनी हे उरलेल्या ग्रहांचे वार. बॅबिलोनियातील ही पद्धत इजिप्शियन पंचांगकर्त्यांनी अंगीकारली व तिथून ती ग्रीक, रोमन प्रदेशात पसरली. मग ती युरोपात मान्यता पावली आणि पुढे जगभर पसरली.

जगातला सर्वांत लहान देश कोणता?

देश म्हणजे ठरवलेल्या आणि आंतरराष्ट्रीय मान्यता असलेल्या सीमारेषांकित सार्वभौमसत्तेच्या आधिपत्याखालील भूप्रदेश. या देशाचे स्वतःचे सरकार असते, झेंडा असतो, प्रशासन असते. या सर्व गोष्टी विचारात घेतल्या तर व्हॅटिकन हा जगातला सर्वांत छोटा देश ठरतो.

इटलीतील रोम शहरात मध्यभागी कॅथॉलिक ख्रिश्चनांचे सर्वोच्च धर्मपीठ आहे. व्हॅटिकन सिटी हे त्याचे नाव. व्हॅटिकन हे शहरराज्य १९२९ साली इटालियन सरकार व पोप यांच्यामधील एका कराराने अस्तित्वात आले आहे. यावर पोप म्हणजे कॅथॉलिक ख्रिश्चनांचे सर्वोच्च धर्माधिकारी यांची सत्ता असते. व्हॅटिकन सिटीला स्वतःचा ध्वज आहे, पोस्ट खाते आहे, टेलिफोन यंत्रणा आहे, नभोवाणी व दूरचित्रवाणी आहे, रेल्वे स्थानक आहे आणि एवढे सगळे असलेल्या या देशाच्या भूमीचा विस्तार ०.१७ चौरस मैल आहे. या देशाची अर्थव्यवस्था दुनियाभर पसरलेल्या कॅथॉलिक ख्रिश्चनांच्या देणग्यांवर अवलंबून असते. व्हॅटिकन सिटीच्या वकिलाती निरनिराळ्या देशांत प्रस्थापित करण्यात आलेल्या आहेत. थोडक्यात म्हणजे स्वतंत्र देशातील सर्व गोष्टी येथे आढळतात. फक्त एका महत्त्वाच्या गोष्टीचा येथे उल्लेख करायला हवा; इतर राष्ट्रांचे राष्ट्रप्रमुख जन्माने त्या देशाचे नागरिक असावे लागतात. व्हॅटिकनचे राष्ट्रप्रमुख हे मात्र जन्माने व्हॅटिकनचे नागरिक असतातच असे नाही.

चकवा कशामुळे निर्माण होतो?

एखाद्या व्यक्तीला मोकळ्या जागी डोळे बांधून सोडले, तर ती व्यक्ती गोल गोल फिरत राहते असे आढळून येते. याचप्रमाणे धुक्यात सापडलेले लोक आणि रात्री रस्ता चुकलेले लोकही परत आपल्या मूळस्थानी परतताना आढळतात. यालाच आपण चकव्यात सापडलो म्हणतो. हा चकवा कशामुळे लागतो ? याला शास्त्रीय उत्तर आहे.

आपले शरीर हे सममित आहे, असे आपण मानतो. म्हणजे जरासंधाप्रमाणे आपले शरीर उभे चिरले, तर शरीराची एक बाजू तंतोतंत दुसऱ्या बाजूप्रमाणे असेल; म्हणजेच डावी बाजू ही उजव्या बाजूची दर्पण प्रतिमा असेल, असे आपल्याला वाटते; पण ते तितकेसे बरोबर नाही. आपले शरीर हे थोड्या प्रमाणात असममितही आहे. आपले हृदय शरीराच्या उभ्या अक्षाच्या डाव्या बाजूस तर यकृत उजव्या बाजूस असते. एवढंच नव्हे तर उजवा हात व उजवा पाय हे डावा हात व डावा पाय यांच्यापेक्षा काही प्रमाणात जड असतात. ही जी शरीराच्या दोन भागांतली विषमता आहे, त्यामुळेच डोळे बांधल्यावर आपण वर्तुळात फिरतो. डोळे उघडे असतात तेव्हा शरीर एका रेषेत जात आहे, याची सतत खात्री करून आपण चालत असतो. डोळे बांधल्यावर किंवा आपल्याला जेव्हा काही दिसत नसते, तेव्हा अशा प्रकारचा संदर्भ आपल्या मेंदूला मिळत नाही नि शरीराची जी बाजू जड असेल त्या बाजूस हळूहळू ओढले जात आपण वर्तुळाकृती फिरून पुन्हा मूळ जागीच परततो.

ग्रंथनिर्मिती केव्हापासून होऊ लागली?

रामायण-महाभारत हे ग्रंथ इसवीसनापूर्वी बऱ्याच आधी लिहिले गेले. यांतला महाभारत हा ग्रंथ व्यासांनी सांगितला नि गणपतीनं उतरवून घेतला असे म्हटले जाते. त्या काळात ताड आणि तमाल वृक्षाची पाने आणि साले यांच्यावर लेखन

क्वायचे. पाश्चिमात्य देशांत पॅपिरीवर आणि नंतर कातडी गुंडाळ्यांवर लिखाण होऊ लागले. भारतातील आद्य ग्रंथरचना संस्कृतमध्ये तर युरोपातली लॅटिनमध्ये होत असे.

चीनमध्ये बांबूच्या तुकड्यांवर चित्रलिपीत मजकूर लिहिला जायचा. पुढे चीनमध्येच कागदाचा शोध लागला आणि लिहिणे सोपे झाले. गुटेनबर्ग याने छपाई कलेचा शोध लावल्यावर तर पुस्तकांचे पेवच फुटले.

विल्यम पी. वुड यांनी लिहून स्वतःच प्रकाशित केलेले 'दि लिटल रेड आल्फ' हे जगातले सर्वांत मोठे पुस्तक, ते ७ फूट, २ इंच उंच असून उघडल्यावर एका कडेहून दुसऱ्या कडेपर्यंत दहा फूट जागा व्यापते. आयरिश युनिव्हर्सिटी प्रेसने ब्रिटिश पार्लमेंटचे इ. स. १८०० ते १९०० च्या दरम्यानचे कागदपत्र प्रसिद्ध केलेत. याचे १२०० खंड झाले. एका विषयावर एवढे खंड असलेला हा एकमेव ग्रंथ. या सर्व खंडांचे मिळून वजन ३.६४ टन आहे. हे सर्व खंड प्रसिद्ध व्हायला १९६७ ते ७१ असा चार वर्षांचा कालावधी लागला.

एखाद्या राष्ट्राचे राष्ट्रगीत कसे ठरवले जाते?

आज जगातल्या बहुतेक सर्वच राष्ट्रांत राष्ट्रीय महत्त्वाच्या प्रसंगी राष्ट्रगीत वाजवले जाते किंवा गायले जाते. भारताचे राष्ट्रगीत हे १५ ऑगस्ट या स्वातंत्र्यदिनी आणि २६ जानेवारीस म्हणजे प्रजासत्ताकदिनी आपण म्हणतो. अमेरिकेच्या राष्ट्रगीताची 'स्टार स्पँगल्डबॅनर' ही ओळ प्रसिद्धच आहे. तर इंग्लंडचे राष्ट्रगीत 'राजा' किंवा 'राणी' वर अवलंबून 'गॉड सेव्ह द क्वीन किंवा किंग' असं असतं.

जपानमध्ये नवव्या शतकात 'किम गाओ' हे गीत राष्ट्रगीत म्हणून म्हटलं गेलं. हेच राष्ट्रगीत या अर्थाने म्हटलेले पहिले गीत ठरते. ब्रिटनचे राष्ट्रगीत प्रथम इ. स. १६१९ मध्ये जॉन बुलने रचले. या गीताचे पहिले जाहीर पठण २८ सप्टें, १७४५ या दिवशी झाले.

अमेरिकेचे राष्ट्रगीत प्रथम १८९२ साली यादवी युद्धात रचले गेले. जपान आणि जॉर्डन यांची राष्ट्रगीते फक्त ४ ओळींचीच आहेत ती सर्वांत छोटी राष्ट्रगीते ठरतात. भारताचे राष्ट्रगीत रवींद्रनाथ टागोरांनी लिहिले असून अखिल भारतीय काँग्रेसच्या कलकत्ता अधिवेशनात इ. स. १९११ साली डिसेंबर महिन्यात ते प्रथम म्हटले गेले. २४ जानेवारी १९५० या दिवशी भारतीय लोकप्रतिनिधी मंडळानी 'जनगणमन'चा राष्ट्रगीत म्हणून स्वीकार केला. बंकिमचंद्रांचे 'वंदे मातरम्' हे गीतही राष्ट्रगीत मानण्यात येते व राष्ट्रगीतास मिळणारे सर्व मान या गीतास मिळतात.

बँकांची सुरुवात केव्हा झाली?

बँक हा शब्द इटालियन 'बँको' या शब्दापासून आलेला आहे. बँकोचा अर्थ 'बाकडे.' मध्ययुगीन कालखंडात इटालियन लोक बाकांवर बसून आपले आर्थिक व्यवहार करायचे; यामुळे पैशाचे व्यवहार करण्याचे ठिकाण म्हणजे 'बँको' असे समीकरण झाले. त्या बँकोचे पुढे बँक झाले.

आधुनिक बँकांची सुरुवात व्हेनिस येथे १५८७ साली झाली. यासाठी 'बँको दि रिआल्तो' ची स्थापना झाली. या बँकेत लोक पैसे ठेवायचे नि हवे तेव्हा पैसे काढूनही घ्यायचे. पुढे ही प्रथा लोकप्रिय होऊन जगभर पसरली. बँकांची दोन महत्त्वाची कामे असतात. लोकांकडून पैसे घेऊन ते सुरक्षित ठेवणे, त्यांना हवे तेव्हा ते परत देणे हे पहिले महत्त्वाचे काम आणि गरजू लोकांना व्याजाने पैसे देणे, तसेच निरनिराळ्या उद्योगधंद्यांच्या वाढीस मदत करणे हे दुसरे महत्त्वाचे काम.

'बँको द रिआल्तो' चा कारभार 'बँको दि गिरो' ने हाती घेतल्यावर या आद्य बँकेत आणखी एक नवी सोय सुरू झाली. ती म्हणजे लोक आपले जडजवाहीर व सोने-नाणे सुद्धा पावती घेऊन बँकेत सुरक्षित ठेवू लागले.

अमेरिकेत १७८२ मध्ये, इंग्लंडमध्ये १८२५ मध्ये तर भारतात १८०४ मध्ये पहिली बँक सुरू झाली. भारतात अधिकृतरीत्या १८०४ मध्ये पहिली बँक सुरू झाली असे म्हटले जाते तरी खरे तर भारतालाच बँक व्यवहाराचा जनक मानायला हवे; कारण पतपेढी आणि हुंडीचे व्यवहार कित्येक शतके भारतात चालूच होते.

भारतीय रिझर्व बँकेची स्थापना १९३५ मध्ये झाली. ही बँक भारतीय चलनाचा बटवडा करते.

फटाके रंगीबेरंगी कसे दिसतात?

शोभेचं दारूकाम चीनमध्ये फार पूर्वीपासून होत आलेले आहे आणि आता ही प्रथा जगभर पसरली आहे. जवळजवळ ३०० प्रकारच्या शोभेचे फटाके आणि इतर आतषबाजीच्या सामानावर जगातली माणसे दरवर्षी ५ अब्ज रुपये खर्च करतात.

या फटाक्यांत पोटॅशियम नायट्रेट (सोरा), गंधक आणि कोळशाची भुकटी यांचे मिश्रण असते. स्ट्रॉन्शियम आणि बेरियम यांचे क्षार पोटॅशियम क्लोरेटमध्ये मिसळले की, दारूकाम रंगीत होते. बेरियमच्या क्षारामुळे हिरवा, तर स्ट्रॉन्शियमच्या

क्षारांमुळे आकाशी, पिवळा किंवा तांबडा रंग दारूकामास येतो. यामुळेच तर आतषबाजीची शोभा वाढते.

जगप्रसिद्ध गालिचे कोणते?

फार प्राचीन काळापासून माणसे जमिनीची शोभा वाढविण्यासाठी गालिचे वापरीत आहेत. फार पूर्वीपासूनच गालिचे विणणाऱ्या लोकांनी कारागीर म्हणून प्रसिद्धी मिळवलेली आहे. अरेबियन नाईट्स या ग्रंथात उडत्या गालिच्यांची वर्णने आहेत. इ. स. पूर्व ३०० या काळात पाझिरिक येथे तयार केलेला गालिचा लेनिनग्राड इथल्या वस्तुसंग्रहालयात आढळतो. तो २ मीटर लांब व १.९ मीटर रुंद आहे.

बगदादच्या खलिफासाठी विणलेला आणखी एक गालिचा न्यूयॉर्क येथील प्रदर्शनात आहे. इ. स. ७४३ मध्ये सोन्याची जर आणि रेशीम यांच्या धाग्यांनी गुंफलेला हा गालिचा १०० मीटर लांब आणि ६० मीटर रुंद आहे.

इराक येथील टेसिफॉन शहरातल्या सासानिड राजवाड्यातला गालिचा हा सर्वांत मौल्यवान मानण्यात येतो. याचे नाव 'द स्प्रिंग कार्पेट.' हा गालिचा जेव्हा बनवला गेला, तेव्हा त्याचा विस्तार ७०० चौ. मीटर होता. सोन्याची जर आणि रेशीम यांच्यापासून बनवलेल्या या गालिचावर अनेक मौल्यवान रत्ने बसवण्यात आली होती. इ. स. ६२५ मध्ये पर्शियन सैन्याने या गालिच्याचा एक तुकडा कापून नेला. आज या छोट्या तुकड्याची किंमत २५ कोटी रुपये आहे.

न्यूयॉर्कच्याच म्युझियममध्ये असलेल्या शहाजहाँ या मोगल सम्राटासाठी १७व्या शतकात विणलेल्या एका गालिचामध्ये दर चौरस सें.मी. मधे ४२५ गाठी आहेत. इतके अप्रतिम काम यानंतर कधीच घडले नाही.

११.५ मीटर लांब आणि ६१ मीटर रुंद असा एक इराणी (पर्शियन) गालिचा लंडन म्युझियममध्ये आहे. लोकर आणि रेशीम यांच्या एकाआड एक वापरलेल्या धाग्यांनं तयार केलेल्या या गालिच्यात मध्यभागी एक सोन्याचं फूल आहे.

फार पुरातन काळापासून भारतीय गालिचेही जगप्रसिद्ध होतेच. काश्मिरी गालिचे मिळविण्यासाठी राजे-महाराजांत चढाओढ चालू असे. असे गालिचे आजही परदेशी रवाना होत असतात. मात्र ते आता 'वॉल हँगिंग' म्हणून वापरले जातात.

वेळ मोजण्याची पद्धत केव्हापासून सुरू झाली?

सूर्य उगवतो आणि तितक्याच नियमितपणे मावळतो. सूर्याच्या उन्हात सावली पडते. सकाळी ती एका बाजूला लांब असते. आखूड आखूड होत ती पायांखाली येते नि मग दुसऱ्या दिशेनं लांब होत जाते. हे हळूहळू आपल्या लक्षात येऊ लागले नि तेव्हापासून माणूस घड्याळ बनवू लागला. मानवाचे पहिले घड्याळ हे सावलीचे होते. यात सुधारणा होत होत ते ऋतूंप्रमाणे वेळ दाखवणारे घड्याळ बनले. पण तरीही ढगाळ वातावरणात या घड्याळाचा उपयोग नव्हता.

भारतात घटिकापात्राने वेळ मोजण्याची पद्धत पुरातनकाळी अमलात आणली जात असे. घटिकापात्राच्या तळाला एक सूक्ष्म छिद्र असे. हे घटिकापात्र एका मोठ्या भांड्यात पाणी भरून त्यावर ठेवले जाई. घटिकापात्रात यामुळे हळूहळू पाणी शिरत जाऊन ते पूर्ण भरल्यावर बुडत असे. अशा प्रकारच्या घड्याळांमुळे दिवसा किंवा रात्रीही वेळ मोजता यायची. या घटिकापात्रांत आतल्या बाजूने खुणा असत. त्याला 'पळे' असे म्हणत. यावरूनच मराठीत 'तुझी घटका भरली', 'घटका गेली, पळे गेली, तास वाजे ठणाणा'! आदी वाक्प्रचार रूढ झाले.

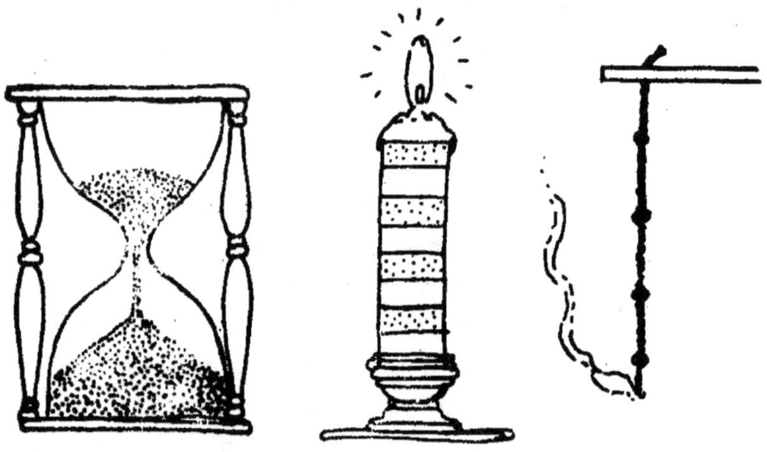

याच्यानंतर वाळूची घड्याळे आली. या वाळूच्या घड्याळात दोन भांडी एकमेकाला एका सूक्ष्म छिद्राने जोडली जात. यांची तोंडे बंद असत. वरच्या भांड्यातून वाळू गळून खालच्या भांड्यात यायची. नंतर हे घड्याळ उलटे केले की,

खालचे भांडे वरचे व्हायचे नि वाळू पुन्हा खालच्या भांड्यात पडू लागायची.

याशिवाय खुणा केलेल्या मेणबत्त्या किंवा सुंभ (म्हणजे काथ्याचा दोर) यांच्या जळण्यावरही वेळ ठरवली जात असे.

युरोपात १२ व्या शतकापासून कप्पी आणि कुत्री असलेली घड्याळे वापरायला सुरुवात झाली. स्वित्झर्लंड या देशात तर ही दातेरी चक्रांची घड्याळे बनविण्याची कला खूप प्रगत झाली. इतकी की घड्याळ म्हटले की स्वित्झर्लंड आणि स्वित्झर्लंड म्हटलं की घड्याळ असे समीकरणच होऊन बसले.

गेल्या दोन दशकांत क्वार्ट्झ स्फटिकांच्या स्पंदनाचा उपयोग करून त्यावर वेळ दाखविणारी यंत्रे आणि इलेक्ट्रॉनिक यंत्रणा वापरून आकडे दाखवणारी घड्याळे तयार करण्यात येत आहेत. यात स्प्रिंग्स, चक्रे अशा झिजणाऱ्या धातूच्या भागांवर विसंबून राहावे लागत नसल्याने ही घड्याळे खूप अचूक वेळ दाखवतात.

ऑलिंपिक खेळांचा इतिहास

दर चार वर्षांनी मैदानी खेळांच्या जागतिक स्पर्धा होतात त्यांना ऑलिंपिक खेळ असे म्हटले जाते. सध्या जे ऑलिंपिक खेळ खेळले जातात, त्या स्पर्धांची सुरुवात १८९६ साली झाली. बॅरन पीयेर द कुबर्तेन या फ्रेंच गृहस्थाच्या प्रेरणेने हे पुनरुज्जीवन शक्य झाले. ऑलिंपिक खेळ खि. पू. ७७६ मध्ये खेळले जात होते असा पुरावा उपलब्ध आहे. हे खेळ ऑलिंपिया या गावात खेळले जात. ऑलिंपिया आग्नेय ग्रीसमध्ये आहे. या गावात खेळले जाणारे खेळ ते ऑलिंपिक्स किंवा ऑलिंपिक खेळ.

सुरुवातीला या खेळांतून फक्त ग्रीसचे नागरिकच भाग घेत असत. त्या काळी या खेळांचे स्वरूप देवासमोर भरलेल्या जत्रेत खेळायचे खेळ असेच होते. झिअस या ग्रीक देवांच्या राजाचे-इंद्राचे आशीर्वाद आपल्या पाठीशी असावेत असा या खेळांमागे उद्देश असे. त्या काळात स्त्रिया या खेळात भाग घेत नसत.

इ. स. ३९४ मध्ये थिओडोसियस या रोमच्या सम्राटाने ग्रीस जिंकून घेतले आणि ऑलिंपिक खेळांवर बंदी घातली. इ. स. १८५९ मध्ये एकवार या खेळांचे पुनरुज्जीवन झाले होते. १८५९, १८७०, १८७५ व १८८९ अशा चार स्पर्धांनंतर हे खेळ बंद झाले. यानंतर १८९६ मध्ये बॅरन पीयेर द कुबर्तेन यांनी आधुनिक ऑलिंपिक खेळांना सुरुवात केली. हे पहिले ऑलिंपिक खेळ ग्रीसची राजधानी अथेन्स इथं भरले. यात १३ देशांच्या ३११ खेळाडूंनी भाग घेतला.

या खेळांमध्ये पहिल्या व दुसऱ्या महायुद्ध काळात खंड पडला. एवढे वगळता आता दर चार वर्षांनी हे खेळ खेळले जातात.

विषाणू म्हणजे काय?

विषाणू किंवा ज्याला इंग्रजीत 'व्हायरस' म्हणतात त्या सजीवांची व्याख्या करणे शास्त्रज्ञांनासुद्धा अवघड होऊन बसले आहे. विषाणू अतिशय सूक्ष्म असतात. ते बघण्यासाठी इलेक्ट्रॉन सूक्ष्मदर्शींची मदत घ्यावी लागते. ते सजीव आणि निर्जीव अशा दोन्ही अवस्थांत असतात. विषाणू हे दुसऱ्या पेशीत वाढतात. विषाणूंचा शोध मायर या शास्त्रज्ञाने इ. स. १८८८ मध्ये लावला. तंबाखूच्या पानांचा अभ्यास करताना मायरला विषाणूंचा शोध लागला.

विषाणू सूक्ष्मजीवांपेक्षाही सूक्ष्म असतात.सें.मी.चा दशलक्षांश भाग किंवा त्याहूनही सूक्ष्म असलेल्या विषाणूंचा तपशील मिळवणे फार अवघड होते. यामुळेच विषाणुजन्य रोगांपासून बचाव ही अवघड समस्या होऊन बसते. देवी, कांजिण्या, विषाणुजन्य इन्फ्लुएन्झा, गोवर, कावीळ आदी रोग विषाणूंमुळे होतात. विषाणूजन्य आजार फक्त माणसांनाच होतात असेही नाही. प्राणी, पक्षी, कीटक, वनस्पती अशा कुठल्याही सजीवास विषाणुजन्य आजार होऊ शकतात. जेव्हा विषाणू हवेत तरंगतात, तेव्हा ते अतीव सूक्ष्म स्फटिकांच्या स्वरूपात असतात. ते जेव्हा एखाद्या योग्य सजीवाच्या सान्निध्यात येतात, तेव्हा ते त्या सजीवाच्या शरीरात प्रवेश करून शरीरांतर्गत पेशीत शिरतात नि सजीवासारखे वागू लागतात. निसर्गनियमाप्रमाणे सजीवाचे शरीर या परक्या घुसखोरांना विरोध करते आणि त्याची प्रतिक्रिया शरीराबाहेर दिसून येते. जेव्हा विषाणूंचा नैसर्गिक प्रतिकार करणे अशक्य होते तेव्हा मग बाहेरून वैद्यकीय मदत घेणे भाग पडते. ही मदत उशिरा घेतली गेली तर यजमान सजीव मृत्युमुखी पडण्याचा धोका असतो.

पदार्थांना बुरशी कशी लागते?

पावसाळ्यात किंवा दमट हवेच्या ठिकाणी उघड्या पदार्थांवर बुरशी येते. पावाचे तुकडे मधल्या मऊ भागात काळसर दिसू लागतात. साखरांबा किंवा गुळांब्यावर पांढरा तवंग येतो. बऱ्याच वेळा बुरशीचे धागे असतात तर कधी ती हिरवट रंगाची असते नि जाळ्यासारखी पसरलेली दिसते. आपले कमरपट्टे किंवा होल्डॉलचे पट्टे; पॉलिश न केलेले, पावसात भिजलेले बूट यांच्यावरसुद्धा बुरशी धरते.

बुरशी हा एक वनस्पतीचा प्रकार आहे. बुरशी ही वानससृष्टीतली एक अगदी प्राथमिक, विशेष उत्क्रांत न झालेली वनस्पती. या वनस्पतीस मूळ, खोड किंवा पाने नसतात. बुरशी ही परोपजीवी वनस्पती आहे. म्हणजे आपले अन्न ती स्वत: कधीही तयार करत नाही, तर आयत्या अन्नावर ती डल्ला मारत असते. ती काळी, हिरवी, पिवळी किंवा निळ्या रंगाच्या धाग्यांची बनलेली असते.

बुरशीच्या धाग्यांचे दोन भाग असतात. एक भाग मुळाचे काम करतो, तर या धाग्याच्या दुसऱ्या टोकाला एक छोटा गोळा असतो. हा बिजाणुधारी गोळा होय. यात बिजाणू (Spores) असतात.

बुरशीचा उपयोग माणसाला कित्येक शतके ठाऊक होता. इजिप्तमध्ये बुरशी आलेल्या पावाचा तुकडा औषधी म्हणून जखमेवर बांधण्यात येत असे. द्राक्षाची दारू बनवताना बुरशीचा उपयोग होतो, हेही आपल्या पूर्वजांना ठाऊक होते.

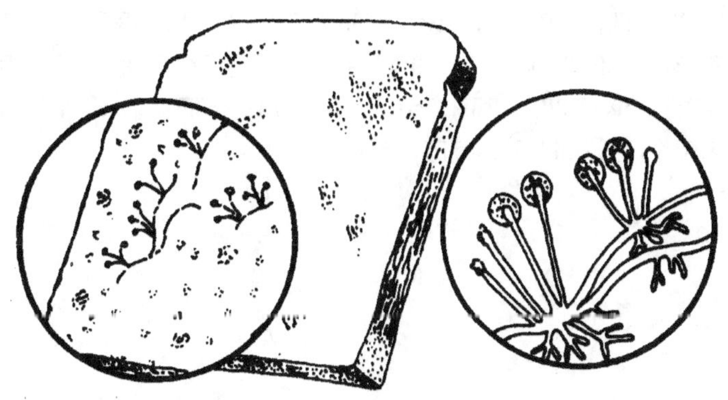

बुरशी ही मानवी जीवनास उपकारक आहे, तशीच आत्यंतिक अपायकारकही आहे. ब्रेड, बीअर, मद्यार्क, चीज यांसारखे पदार्थ बुरशीमुळेच तयार होतात. हिरव्या-निळ्या बुरशीपासून पेनिसिलीनची निर्मिती करता येते. काही बुरशी खाण्यायोग्य असतात, मात्र या निवडून घ्याव्या लागतात; कारण इतर काही बुरशीचे प्रकार प्राणघातक असतात.

जीवनसत्त्वांचे आपल्या जीवनात स्थान कोणते?

आपल्याला जीवनसत्त्वांचे महत्त्व वाटायचे कारण काय, असा प्रश्न बरेचदा विचारला जातो. तेव्हा आपण एखाद्या गोष्टीला 'जीवनसत्त्व' असे नाव देतो, तेव्हा

ती आपल्या दृष्टीने किती महत्त्वाची आहे हे आपण जाहीरच करत असतो. जर जीवनसत्त्वे आपल्या रोजच्या अन्नात नसतील तर त्यामुळे अनेक व्याधी उद्भवतील. भूक न लागणे, अन्न पचन न होणे, दृष्टी अधू होणे, रातांधळेपणा येणे, हिरड्यांची हानी, अशक्तपणा, दमछाक, कातडी शुष्क पडणे, हाडे ठिसूळ होणे इत्यादी अनेक व्याधी उद्भवतील. आपल्याला या व्याधी टाळायच्या असतील तर आपल्या अन्नात जीवनसत्त्वे असणे अत्यंत आवश्यक ठरते. आपल्याला काही कारणाने अन्नावाटे कमी प्रमाणात जीवनसत्त्वे मिळत असतील तर मग वेगळा जीवनसत्त्वांचा पुरवठा शरीरास करणे आवश्यक ठरते. जीवनसत्त्वे ही कार्बनी संयुगे असून ती अनेक नैसर्गिक पदार्थांत आढळतात. फळभाज्या, फळे, पालेभाज्या, दूध हे जीवनसत्त्वांचे नैसर्गिक साठे. प्रत्येक जीवनसत्त्व शरीराची वेगवेगळी गरज भागवत असते. अशी २० वेगवेगळी जीवनसत्त्वे आहेत. त्यांतील सहा जीवनसत्त्वे महत्त्वाची ठरतात. ही म्हणजे ए, बी, सी, डी, ई आणि के व्हिटॉमिन. ए मुख्यत: दूध, दुग्धजन्य पदार्थ, अंडी, मासे, तेल, कोबीवर्गीय भाज्या यांत आढळते. शरीराच्या वाढीसाठी याचा उपयोग केला जातो. या जीवनसत्त्वाच्या अभावाने नेत्रविकार, विशेषत: रातांधळेपणा वाढीस लागतो. अ जीवनसत्त्वामुळे संसर्गजन्य बाधा, कातडीचे विकार आणि नेत्रविकारांस आळा बसतो.

B जीवनसत्त्वांचा वर्ग फार मोठा आहे. यात जीवनसत्त्व B1 किंवा थायमीन, B2 किंवा रायबोफ्लेविन, B6 (निकोटिनीक आम्ल अथवा नायसीन), B7 आणि B12 ही महत्त्वाची.

B1च्या अभावामुळे बेरीबेरी, अशक्तपणा, श्वसनास अडथळे, अपचन आदी विकार उद्भवतात. तर B2 च्या अभावाने चर्मरोग, जिभेचे विकार, कातडीस, विशेषत: चेहऱ्यावर भेगा पडणे, डोळ्यांची जळजळ होणे इत्यादी व्याधी होतात. B6 च्या अभावामुळे पेलाग्रा, मानसिक ताण, जीभ, हिरड्या, आतडी इत्यादीस सूज येणे, भूक न लागणे हे आजार संभवतात. B7 च्या अभावाने आतड्याचे विकार होतात, तर B12 च्या अभावाने रक्तक्षय, पक्षाघात, सांधेदुखी आदी आजार होतात. तांबड्या पेशींच्या निर्मितीसाठी B12, फॉलिक ॲसिड आणि सी जीवनसत्त्व यांची गरज असते. B जीवनसत्त्व दूध, अंडी, मांस, यकृत, यीस्ट, गहू आणि हिरव्या भाज्यांत आढळते. उकडल्याने आणि तळल्याने ते नाहीसे होते.

सी जीवनसत्त्व : (ॲस्कॉर्बिक आम्ल) हे आंबट पदार्थांत आढळते. संत्री, मोसंबी, लिंबे, सफरचंद, टोमॅटो, अननस यांत आढळणाऱ्या या जीवनसत्त्वाच्या अभावामुळे सांधेदुखी, मेंदूचा ताण, अशक्तपणा, पाय दुखणे, शरीरावर वांग वा चट्टे उठणे इत्यादी आजार होतात.

डी जीवनसत्त्व : दूध, लोणी, मासे, अंडी यांत सापडणारे व सूर्यप्रकाशात आपल्या कातडीखाली तयार होणारे हे जीवनसत्त्व मुडदूस होऊ नये म्हणून आपल्या शरीरात असणे योग्य ठरते.

के जीवनसत्त्व : हे आपल्या आतड्यातले सूक्ष्म जीव तयार करतात. जखमेवर खपली धरण्यापूर्वी रक्त थिजणे आणि नैसर्गिक लैंगिक वाढ यासाठी हे जीवनसत्त्व उपयुक्त असते.

ही जीवनसत्त्वे आपल्या रोजच्या आहारात असणे आरोग्याच्या दृष्टीने आवश्यक ठरते.

प्रतिजीवी औषधे म्हणजे काय?

प्रतिजीवी औषधे ही आपल्या शरीरातील सूक्ष्म जीवांच्या वाढीस प्रतिबंध करून नंतर त्यांना नष्ट करणारी औषधे असतात. या औषधांमुळे मानवी शरीर अनेक व्याधींना आजकाल यशस्वीरीत्या तोंड देऊ शकते. प्रतिजीवी औषधे हानिकारक सूक्ष्म जीवांबरोबरच उपकारक सूक्ष्म जीवांचीही हत्या करतात. यामुळे ही औषधे तज्ज्ञांच्या सल्ल्याने घेणेच योग्य ठरते.

इ. स. १९४२ मध्ये 'प्रतिजीवी' अथवा ॲंटिबायोटिक हा शब्द सर्वप्रथम अस्तित्वात आला. सर अलेक्झांडर फ्लेमिंग यांनी शोधून काढलेले पेनिसिलीन हे आद्य प्रतिजीवी औषध होय. या पेनिसिलीनचा उपयोग न्यूमोनिया, सर्दी, घसा

सुजणे, गळवे, फोड आदी दुखण्यांवर रामबाण औषध असा होत होता.

क्षय किंवा राजयक्ष्मा हा एकेकाळी असाध्य समजला जाणारा रोग स्ट्रेप्टोमायसीनमुळे बरा होऊ लागला. ॲंपिसिलीन, टेट्रासायक्लिन, क्लोरोमायसीटीन, टेरॅमायसीन आदी अनेक प्रतिजीवी औषधे आज बाजारात उपलब्ध आहेत.

बहुतेक सर्व प्रतिजीवी औषधे ही सूक्ष्म जीव, अळंबी, आदी सजीवांपासून तयार केली जातात. पुण्याजवळ पिंपरी येथे 'हिंदुस्थान ॲंटिबायोटिक्स' हा कारखाना आहे. सूक्ष्म जीव किंवा अळंब्या किंवा बुरशी वाढवण्यासाठी आधी पदार्थ कुजवला जातो. त्यावरची बुरशी घेऊन मग त्यापासून प्रतिजीवी औषधे तयार होतात.

आजही प्रतिजीवी औषधे सूक्ष्म जीवांना कसा प्रतिबंध करतात हे शास्त्रज्ञांना पूर्णपणे उमगलेले नाही. काही शास्त्रज्ञांच्या मते प्रतिजीवी सूक्ष्म जीवांना ऑक्सिजन मिळू देत नाहीत, तर इतर काही शास्त्रज्ञांचे मत 'प्रतिजीवी औषधे सूक्ष्म जीवांचे अन्न तोडतात' असे आहे. अर्थात ही यंत्रणा कधी ना कधी तरी आपल्या लक्षात येईलच. मात्र या औषधांनी दरवर्षी लक्षावधी लोकांचे प्राण वाचवले जातात हे महत्त्वाचे.

आपल्या देशात दरवर्षी लक्षावधी माणसे फ्ल्यू, न्यूमोनिया, विषमज्वर, क्षय आदी व्याधींना बळी पडत. स्वातंत्र्यानंतरच्या काळात हळूहळू ही संख्या कमी होऊ लागली आहे. संधिवातातून उद्भवणारा ताप आणि गुप्तरोग यांच्यासारख्या त्रासदायक व्याधिग्रस्तांना प्रतिजीवी औषधांमुळे दिलासा मिळाला आहे.

प्रतिजीवी औषधे ही उपयोगी असली तरी 'अति सर्वत्र वर्जयेत् ।' हा मुद्दा लक्षात ठेवूनच त्यांचा उपयोग करायला हवा. तसेच काही रुग्णांना या औषधांबद्दल नैसर्गिक घृणा किंवा ॲलर्जी असते. यामुळे ही औषधे तज्ज्ञांच्या सल्ल्याने सेवन करणे योग्य ठरते.

खनिज तेल कसे मिळते?

खनिज तेल म्हणजे पेट्रोल ज्यातून वेगळे करून काढतात ते निसर्गतः सापडणारे तेल. पेट्रोल तर आपल्याला आज सतत उपयोगी पडत असते. मोटारी, स्कूटर्स आदी वाहने पेट्रोलवर चालतात. तर ट्रॅक्टर्स, ट्रक, बस आदी वाहने डिझेलवर चालतात. ही दोन्ही इंधन तेले आपल्याला नैसर्गिक खनिज तेलापासून मिळत असतात.

खनिज तेल हे चिकट, दाट, काळपट रंगाचे द्रव या स्वरूपात सापडते. लक्षावधी वर्षांपूर्वीच्या सागरी प्राण्यांच्या व वनस्पतींच्या अवशेषांवर दाब पडून हे खनिज तेल तयार झालेले असते. हे तेल द्रव असल्यामुळे द्रवाचे सर्व नियम त्याला

लागू असतात. भूमीतील द्रवाच्या हालचाली ज्यातून होऊ शकतात अशा खडकात हा द्रव पदार्थ असतो. तो दगड फोडून या थरात पोचलेल्या नळांवाटे तो जमिनीवर आणण्यात येतो व या द्रवाचे भागश: ऊर्ध्वपातन आणि शुद्धीकरण करून पेट्रोल, नॅप्था, केरोसीन, डिझेल, मेण इत्यादी भाग वेगळे करण्यात येतात.

आता खनिज तेल समुद्रतळाखालूनही काढण्यात येते. अरब देशांतून तेलाचे प्रचंड साठे आहेत. भारतात आसाम, गुजराथ आणि पश्चिम किनाऱ्यावर कच्छ ते रत्नागिरी दरम्यानच्या सागरात नैसर्गिक वायू आणि खनिज तेल सापडले आहे.

रेशीम कसे तयार होते?

अत्यंत तलम आणि सुळसुळीत असे कापड दिसले की, आपण झटकन म्हणतो, 'रेशीम दिसतंय !' रेशमी कापडाला आजच्या कृत्रिम धाग्यांच्या जमान्यातही भरपूर वाव आहे हेच यावरून सिद्ध होते.

'रेशीम' या विषयाबद्दल अनेक आख्यायिका आहेत. तुतीच्या झाडाखाली चहा पीत बसलेल्या चिनी राजकन्येच्या चहात रेशमी किड्याचा कोश पडला आणि तिने तो कोश काढायचा प्रयत्न केला तेव्हा तिच्या हातात रेशमी धागा आला; ही त्यातलीच एक कथा.

किड्यांच्या कोशापासून रेशीम मिळते. त्यांची फुलपाखरं किंवा पतंग झाले की, या कोशांचा काही उपयोग नसतो हे चिनी लोकांना सुमारे ५००० वर्षापूर्वी माहीत होते. चिनी लोकांनी ही माहिती अतिशय गुप्त ठेवली होती. रेशीम चीनच्या बाहेर कसे पडले याबद्दलही खूप आख्यायिका आहेत. त्यांतल्या एका आख्यायिकेप्रमाणे दोन भारतीय व्यापारी बुद्धभिक्षूंचा वेश घेऊन चीनमध्ये गेले आणि त्यांनी ही रेशमी कला चोरली. काही जणांच्या मते ही कला आधी कोरियात व नंतर चीनमध्ये गेली. ते काहीही असो, रेशीम जगभर लोकप्रिय झाले हे खरे. रेशमाची अळी तुतीची पाने खाऊन रूपांतरणापूर्वी कोश तयार करते. चीन, जपान, भारत, फ्रान्स, रशिया आणि इटली हे देश रेशीम उत्पादनात आघाडीवर आहेत. या देशातले रेशीम उत्पादक रेशमाचे किडे पाळतात. उन्हाळ्याच्या सुरुवातीला या किड्यांच्या माद्या अंडी घालतात. एक मादी साधारणपणे ५०० अंडी घालते. दहा दिवसांनी या अंड्यांतून अळ्या बाहेर पडतात. या अळ्यांतल्या निरोगी अळ्या जिवंत ठेवल्या जातात. या अळ्या तुतीच्या पानांवर वाढतात. साधारणपणे २५ दिवसांनी या अळ्या आपल्या तोंडातून बाहेर पडणाऱ्या रसाद्वारे कोश तयार करू लागतात. हे कोश उकळत्या पाण्यात बुडवून किडे मारले जातात आणि रेशमी धागा काढला जातो. एका कोशापासून १५०० ते ५००० फूट लांबीचा धागा मिळतो. हा धागा

त्याच जाडीच्या पोलादी तारेइतका बळकट असतो. रेशमाप्रमाणेच भारतात टसर हा कमी प्रतीचा कीटकजन्य धागा निर्माण होतो.

तुरुंग केव्हापासून अस्तित्वात आले?

पाश्चिमात्य लोकांच्या मते इ. स. १४०३ मध्ये इंग्लंडमध्ये पहिला तुरुंग बांधला गेला असला तरी संस्कृत वाङ्मयातले बंदिशाळांचे उल्लेख पाहता भारतात तुरुंग ही संस्था फार जुनी आहे हे उघड आहे. भगवान श्रीकृष्ण कंसाच्या तुरुंगातच जन्माला आले. पूर्वी राजद्रोहादी आरोपांवरून लोकांना बंदिवास घडे तर त्यानंतर पाखंडी समजल्या जाणाऱ्या लोकांना बंदिवास घडू लागला. पूर्वीच्या काळात म्हणजे अगदी दुसऱ्या महायुद्धापर्यंत तुरुंगात विशेष सोयी नसत. अजूनही त्या असतात असेही नाही. अंधाऱ्या ओलसर दगडी भिंतींच्या अरुंद कोठड्यांत कैद्यांना ठेवले जात असे. दुसऱ्या महायुद्धानंतर काही देशांतून ही परिस्थिती सुधारली असली तरी बहुतेक देशांतून या सुधारणा फक्त कागदोपत्रीच आहेत. कैद्यांकडून अनेक कामे करून घेणे ही प्रथा मात्र सर्व देशांत आहे. त्यातून राजकीय कैद्यांना आपल्या देशात वगळण्यात येते. आजारी पडलेल्या कैद्यास वैद्यकीय मदत देणे हेही सरकारचे कर्तव्य ठरते.

रशियातल्या खारखोव तुरुंगात एका वेळेस ४०,००० कैदी ठेवण्याची सोय असून हा तुरुंग जगातला सर्वांत मोठा तुरुंग मानला जातो.

मोटारींच्या शर्यती केव्हापासून सुरू झाल्या?

मोटारींच्या शर्यती पहिली मोटार रस्त्यावर धावू लागली त्या क्षणी सुरू झाल्या, असे म्हटले तर वावगे होणार नाही. आपल्याकडे प्राचीन काळी अनेक पण लावले जायचे. या शर्यतीच होत्या. शिवधनुष्य उचलायची शर्यत, माशाचा डोळा फोडायची शर्यत आदी 'शर्यती' फारच गाजल्या.

मध्ययुगीन कालखंडात अश्वारोहण, रथांच्या शर्यती सुरू होत्याच. सायकलीचा शोध लागल्यावर सायकल शर्यती सुरू झाल्या. विसाव्या शतकाच्या सुरुवातीला आणि एकोणिसाव्या शतकाच्या अखेरीस मोटारचा जमाना सुरू झाला. २२ जुलै १८९४ या दिवशी सकाळी ८ वाजता पहिली मोटारशर्यत घेण्यात आली. पॅरिस ते रूअँ असा हिचा मार्ग होता. ही शर्यत मोटारीची जाहिरात म्हणून होती. या प्रदर्शनी शर्यतीतूनच बक्षिसासाठी मोटार हाकण्याची स्पर्धा ठेवण्याची तयारी सुरू

झाली आणि ११ जून १८९५ या दिवशी पॅरिस ते बोर्दो ही ११७८ कि. मी. ची स्पर्धा आयोजित करण्यात आली.

आज मोटारशर्यतींचे स्वरूप बदलेले आहे नि मोटारींचेही. पहिल्या स्पर्धकांना ताशी दहा मैल (१६ कि.मी.) हा वेग प्रचंड वाटायचा. आज ताशी १८० मैल (२७५ कि. मी.) वेगाने मोटारी पळतात.

याशिवाय आजकाल सफारी रॅली नावाच्या स्पर्धा होतात. यांतली आफ्रिकन रॅली ही सर्वांत अवघड आहे. भारतातही आजकाल हिमालयन रॅली भरवली जाते.

प्लॅस्टिक म्हणजे काय?

प्लॅस्टिक या शब्दाचा अर्थ 'हवे तसे घडवले जाणारे'! या हव्या तशा घडवता येणाऱ्या पदार्थाला आज रोजच्या व्यवहारात अनन्यसाधारण महत्त्व प्राप्त झालेले आहे. पूर्वींच्या अनेक वस्तू धातूच्या असायच्या, पण आज त्यांची जागा प्लॅस्टिकने घेतली आहे. डबे, बाटल्या, कपबशा, बादल्या, तांबे, रेडिओची आवरणे इत्यादी गोष्टी नानाविध रंगांच्या प्लॅस्टिकमध्ये आज उपलब्ध असतात.

इ. स. १८६२ मध्ये अलेक्झांडर पार्क्स या इंग्रजानं प्लॅस्टिक हे कार्बनी रसायन तयार केले. लिओ बेकेलँडने प्लॅस्टिकचे व्यापारी उत्पादन सुरू केले. आज अनेक कार्बनी रसायनांपासून प्लॅस्टिक तयार करण्यात येते.

नानाविध भिंगे, विमानांच्या काचा, पॉलिथिन पिशव्या, टेरिलीनचे कापड, फिल्म, खुर्च्या अशा अनेक वस्तूंच्या सहाय्याने प्लॅस्टिकने मानवी जीवनावर कब्जा मिळवला आहे.

बांबू हे झाड आहे की गवत?

बांबूचे झाड असे अनवधानाने बरेच जण म्हणतात. पण प्रत्यक्षात बांबू हा एक गवताचा प्रकार आहे. हे गवत दिसायला १ फूट (३० सें.मी.) किंवा त्यापेक्षाही जास्त वेगाने वाढते. या गवताची वाढ जवळजवळ शंभर ते सव्वाशे फूट होत असते. (३० ते ३५ मीटर). बांबू हे गवत असल्याने एका मूळ खांडामधून अनेक बांबू उगवतात. बांबूच्या वेगवेगळ्या ५०० जाती आहेत. यांचा सर्वत्र अभ्यास केला जातो; कारण हे गवत आर्थिक महत्त्वाचे आहे. घरबांधणी, छपरे तयार करणे, याशिवाय कळकाच्या चोयट्यांपासून चटया, पडदे, टोपल्या आणि इतर बुरुड कामाच्या वस्तूही तयार केल्या जातात. बांबूपासून तयार होणारा कागद प्रसिद्धच

आहे. बांबूच्या कोंबांची भाजी व लोणची फार चविष्ट असतात.

बांबूला फूल येणे ही गोष्ट काही भागात धार्मिक महत्त्वाची मानली जाते. निरनिराळ्या बांबूच्या जातींमध्ये फुले येण्यामधला काळ वेगवेगळा असतो. १ वर्षापासून ११ वर्षापर्यंत हा काळ बदलतो. बांबूच्या बियांची पक्वान्ने आदिवासी चवीने खातात.

युरेनियम या खनिजाचे महत्त्व काय?

तारापूरच्या अणुभट्टीचे इंधन या संदर्भात युरेनियमचा उल्लेख आपण नेहमी वाचतो. युरेनियम हे एक किरणोत्सर्गी खनिज असून त्याचे दोन समस्थली आहेत. समस्थलीस इंग्रजी भाषेत 'आयसोटोप' असे म्हणतात. एखाद्या मूलद्रव्याची सर्व रासायनिक गुणधर्म एकच असलेली पण केंद्रात न्यूट्रॉनची संख्या निरनिराळी असलेली जी विविध रूपे असतात, त्यांना एकमेकांचे समस्थली असे म्हणतात. युरेनियमचे $U^{२३५}$ व $U^{२३८}$ असे दोन समस्थली निसर्गात आढळतात. यातील $U^{२३५}$ हा समस्थली साखळी प्रक्रियेस योग्य असून, त्याच्या या गुणधर्मामुळे अण्वस्त्रे आणि अणुऊर्जानिर्मितीबाबतीत त्याला खूप महत्त्व प्राप्त झाले आहे आणि ते मिळविण्यासाठी सर्वच राष्ट्रे खूप धडपड करू लागली आहेत.

इ. स. १७८९ मध्ये पिचब्लेंड नावाच्या खनिजातून हाइनरिश क्लॅप्रॉथ या शास्त्रज्ञाने युरेनियमची निर्मिती केली. क्लॅप्रॉथने या नव्या मूलद्रव्याचे नाव युरॅनिट् असे ठेवले. नंतर वर्षभराने 'युरेनस' या ग्रहाचे नाव या मूलद्रव्याला द्यायचे ठरवून क्लॅप्रॉथने या मूलद्रव्याचे नाव 'युरेनियम' केले. इ. स. १८९६ मध्ये हेन्री बेकरेलने या मूलद्रव्याचे किरणोत्सर्गी गुणधर्म शोधले.

इ. स. १९३८ मध्ये अणुविघटनाचा शोध लागेपर्यंत युरेनियम शेती, उद्योगधंदे, तसेच जीवशास्त्रीय व वैद्यकीय संशोधनातून उपयोगात आणले जात होते. अणुविघटनाचा शोध लागल्यावर मात्र युरेनियम अण्वस्त्रांच्या दृष्टीने महत्त्वाचे ठरले. इ. स. १९४५ मध्ये पहिल्या अणुबॉंबचा स्फोट झाल्यावर तर युरेनियमचे महत्त्व खूपच वाढले.

युरेनियमचा दुसरा महत्त्वाचा उपयोग म्हणजे वीजनिर्मिती करणाऱ्या अणुभट्ट्यांचे इंधन म्हणून युरेनियम वापरले जाते. ३० लक्ष किलो वजनाचा कोळसा जाळून जेवढी ऊर्जानिर्मिती होईल तेवढी ऊर्जा १ किलो युरेनियम निर्माण करते. या ऊर्जेने पाणी तापवून त्या पाण्याच्या वाफेवर विद्युत्‌जनित्र फिरवली जातात. यामुळे मिळणारी वीज मग तारांच्या सहाय्याने दूरवर नेण्यात येते.

भारतात जदुगुडा येथे युरेनियमच्या खाणी आहेत.

इंटरपोल या संस्थेचे कार्य काय?

'इंटरपोल' हा शब्द 'इंटरनॅशनल पोलिस' या दोन शब्दांचे एकत्रीकरण करून बनवण्यात आला आहे. याचा अर्थ आंतरराष्ट्रीय पोलिस. गुन्हेगार एका राष्ट्रात गुन्हेगारी करून दुसऱ्या राष्ट्रात पळून जाण्याचा संभव असतो. मात्र अशा वेळी त्या राष्ट्राचे पोलिस दुसऱ्या राष्ट्रात विनापरवाना जाऊन कुणालाही अटक करू शकत नाहीत. त्यासाठी मग दुसऱ्या राष्ट्राची परवानगी घेणे वगैरे सर्व उपचार करावे लागतात; तोपर्यंत गुन्हेगार आणखी तिसरीकडे निघून जाण्याची शक्यता असते. म्हणूनच 'इंटरपोल' या संस्थेचे अस्तित्व अत्यंत महत्त्वाचे ठरते.

इंटरपोलची सध्या शंभराहून अधिक सदस्य राष्ट्रे गुन्हेगार शोधण्याच्या कामी एकमेकास साहाय्य करीत असतात. दरवर्षी ते एकमेकांना भेटतात. पहिल्या महायुद्धानंतर खूप लहान लहान देश असलेल्या युरोप खंडात गुन्हेगारी खूप वाढली. त्यामुळे एका देशातून दुसऱ्या देशात पळून जाणाऱ्या गुन्हेगारांना धरण्याचा पहिला मार्ग म्हणून इ. स. १९२३ मध्ये युरोपीय देशांतील पोलिस प्रमुख एकत्र आले. या २० प्रतिनिधींनी एकत्रित चर्चा करून 'इंटरपोल'ची स्थापना केली. यावेळी ऑस्ट्रियन पोलिस प्रमुख जोहान स्कोबरने 'इंटरपोल' स्थापण्यात पुढाकार घेतला होता. यामुळे या इंटरपोलचे मुख्य ठाणे व्हिएन्नात होते आणि अध्यक्षपदी जोहान स्कोबरचीच निवड करण्यात आली होती.

दुसऱ्या महायुद्धाच्या आधीच जर्मनीने ऑस्ट्रियाचा कब्जा घेतल्यावर इंटरपोलची समाप्ती झाली.

दुसऱ्या महायुद्धानंतर फ्लॉरंट लोवाजे या बेल्जियम पोलिस प्रमुखाने इंटरपोल पुन्हा उभारली. आता इंटरपोलचे प्रमुख ठाणे पॅरिसमध्ये आणण्यात आले. १९५६मध्ये इंटरपोलची नवी घटना अस्तित्वात आली. भारत हे इंटरपोलचे सदस्य राष्ट्र आहे.

शंख कसे तयार होतात?

कवड्या आजकाल खूपच कमी दिसतात, पण तरीही अजून त्या वापरात आहेत. शंख हे वाद्य म्हणून नाहीसे होत असले तरी पेपरवेट किंवा शोभेची वस्तू म्हणून त्यांना महत्त्व प्राप्त होत आहे. घरकामाच्या वाळूत, नदीकाठी, पावसाळ्यात गोगलगाईच्या पाठीवर, आणि समुद्रकाठी शंख भरपूर प्रमाणात आढळतात. पाण्यात वावरणाऱ्या गोगलगायी मग त्या सागरी असोत की, गोड्या पाण्यातल्या असोत, आपल्या पाठीवर शंख घेऊन वावरताना आढळतात. या गोगलगायी

म्हणजे मृदूकाय मोलस्क जातीचे प्राणी.

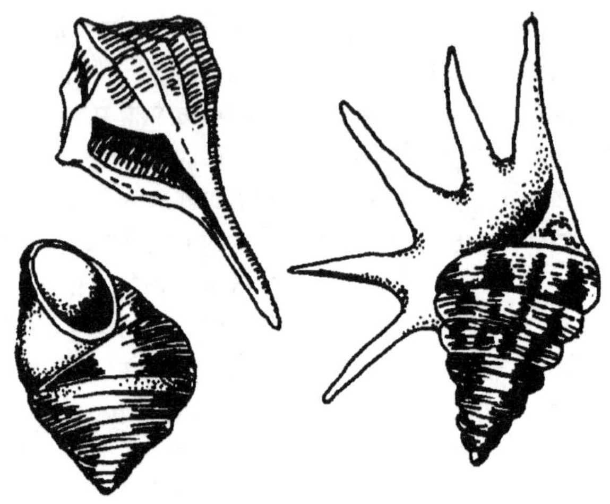

मोलस्क प्राण्यांचे वेगवेगळे ६० हजार प्रकार पृथ्वीच्या पाठीवर अस्तित्वात असून यांतले काही सूक्ष्म तर काही अवाढव्य आकाराचे आहेत.

हे सर्व आकार-प्रकाराचे मोलस्क पाण्यातून कॅल्शियम कार्बोनेट हे संयुग शोषून घेऊन त्याचा आपल्या पाठीवर घर बांधण्यासाठी उपयोग करतात. शंखाचा निमुळत्या टोकाचा भाग हा बालमोलस्कांनं निर्माण केलेला असतो नि हळूहळू वाढत वाढत हा शंख प्राण्याबरोबर स्रवला जाऊन मोठा होतो. शंखातला प्राणी हा तोंडाजवळच्या सर्वांत मोठ्या कप्प्यात राहतो नि शंखातल्या हवेवर नियंत्रण ठेवीत हालचाली करतो. प्राणी मेला की शंख लाटांच्या हालचालींनी किनाऱ्यावर येऊन पडतो.

शंख बांधताना गोगलगायीच्या अन्नावर आणि तिच्या शरीरातून पाझरणाऱ्या स्रावाच्या रासायनिक घटकांवर अवलंबून शंखाचे रंग बदलतात. पुरातन काळातील शंखांचे जीवाश्म आज उंच डोंगरांत आढळून येतात. यामुळे हे आजचे पर्वत म्हणजे एकेकाळचे सागरतळ होते हे सिद्ध करणे सोपे झाले.

पक्षी स्थलांतर केव्हा नि कुठे करतात?

आपण दरवर्षी वृत्तपत्रांतून पक्षी अभयारण्याबद्दल वाचतो. सैबेरियन करकोचे नि बदके भारतात आली, अशा स्वरूपाच्या बातम्या येतात. दरवर्षी हिवाळ्यात

अनेक नवे पक्षी आपल्याला दिसतात. ते उन्हाळ्यात पुन्हा नाहीसे होत असतात. हे पक्षी आपल्या गावी येतात कसे? आणि का? हा प्रश्न आपल्याला पडणे साहजिक आहे. पण याचे उत्तर फार सोपे आहे. उन्हाळा असह्य झाला की माणसे थंड हवेच्या ठिकाणी जातात. यामुळेच माथेरान, महाबळेश्वर, सिमला, दार्जिलिंग आदी थंड हवेच्या ठिकाणांना महत्त्व प्राप्त झाले आहे. या उलट थंडी असह्य होऊ लागली की पक्षी उष्ण प्रदेशात येतात आणि उन्हाळा सुरू होताना परत आपल्या थंड प्रदेशात जातात. तसेच उष्ण प्रदेशातील पक्षीही काही प्रमाणात उन्हाळ्यात थंड हवेच्या ठिकाणी जाताना आढळून येतात. ते डोंगराळ भागात, जास्त उंचीवरच्या ठिकाणी जातात.

पक्ष्यांना ऋतू बदलणार आणि थंडी किंवा उन्हाळा सुरू होणार हे उपजत ज्ञानानेच लक्षात येत असते. शिवाय दिवसाच्या लांबीचे कमीजास्त होणे, अन्न कमी होत जाणे आणि शरीरात काही विशेष द्रव पाझरू लागणे यामुळेही पक्ष्यांना ऋतुबदलाची माहिती मिळते. मग पक्षी स्थलांतर करू लागतात.

त्यांना स्थलांतराची जागा कशी सापडते आणि ते वर्षानुवर्षे एकाच जागी कसे पोचतात हे मात्र कोडे आहे. यासाठी पक्षिशास्त्रज्ञ अनेक वर्षे प्रयत्न करताहेत. या प्रयोगात पक्ष्यांच्या पायांत कडी अडकवून त्यांना निरनिराळ्या ठिकाणी सोडण्यात येते. कबुतरे जशी आपल्या घरीच परततात त्याचप्रमाणे इतर पक्षीही हजारो कि.मी.चा प्रवास करून नेमके ठराविक ठिकाणीच पोचतात.

सूर्याची हालचाल, मेंदूतील नैसर्गिक चुंबक आदी अनेक नवे नवे सिद्धांत पक्ष्यांच्या मार्ग शोधण्याला मदत करणाऱ्या गोष्टींच्या बाबतीत पुढे येत आहेत पण अजूनही हे कोडे सुटलेले नाही.

प्राणी विचार करतात काय?

विचार करण्याची शक्ती फक्त मानवालाच आहे, अशी आपली समजूत आहे. अविचाराने वागणाऱ्या माणसाच्या कृत्यांना आपण मर्कटलीला, गाढवपणा अशी विशेषणे लावत असतो. पण गेल्या काही वर्षांत अनेक मानववंश-शास्त्रज्ञांनी, प्राणि-शास्त्रज्ञांनी आणि मानसशास्त्रज्ञांनी केलेल्या प्रयोगांवरून प्राण्यांना अत्यल्प प्रमाणात सारासार विचारबुद्धी असते असे सिद्ध झाले आहे. निरनिराळ्या प्राण्यांच्या विचार करण्याच्या क्षमता वेगवेगळ्या असतात आणि मुख्य म्हणजे प्राण्यांचे विचार हे त्यांच्या तात्कालिक गरजांपुरतेच मर्यादित असतात. म्हणजे अन्न मिळवणे, निवारा उभारणे, स्वसंरक्षण यांपुरतेच त्यांचे विचार मर्यादित असतात. खाद्यपदार्थांची लालूच आणि चाबकाची भीती दाखवून प्राण्यांना शिकवता येते. याचाच अर्थ

अमूक एक गोष्ट केली तर बक्षीस मिळेल नि केली नाही तर शिक्षा होईल हे त्यांना उमगत असते.

पक्ष्यांनासुद्धा अनेक करामती शिकवता येतात. शिकारी पक्ष्यांच्या सहाय्याने पक्ष्यांची व छोट्या प्राण्यांची शिकार करता येते आणि हे पक्षी शिकार मालकाच्या ताब्यात देतात. म्हणजेच त्यांना मालकाकडे शिकार द्यावी हा विचार सुचतो. डॉल्फिन, देवमासे, हत्ती, कुत्रे, मांजरे, पोपट हे चिपांझीइतकीच बुद्धिमत्ता दाखवू शकतात. मात्र अमेरिकेत काही चिपांझींना मूक-बधिरांची खुणांची भाषा यशस्वीपणे शिकवण्यात आली आहे. ते काम इतर प्राण्यांना जमत नाही.

वनस्पती अन्न सेवन कसे करतात?

वनस्पती सजीव आहेत हे भारतीय वनस्पतिशास्त्रज्ञ जगदीशचंद्र बोस यांनी सिद्ध केले. प्रत्येक सजीवास जगण्यासाठी अन्न-पाण्याची गरज असतेच. त्यांना हवाही आवश्यक असते.

वनस्पतींच्या मुळांची टोके अतिशय सूक्ष्म असतात. मुळांवर बारीक बारीक तंतूही असतात. शिवाय मुळांना शाखाही असतात. अर्थात वनस्पतींच्या जातीनुसार मुळांची रचना बदलते. कमी उत्क्रांत वनस्पतींमध्ये पाने, फुले, मुळे अशी वैशिष्ट्यपूर्ण रचना असतेच असे नाही. मात्र त्या वनस्पतींमध्ये या अवयवांची कार्य करणारी यंत्रणा नक्कीच अस्तित्वात असते.

हरित द्रव्य असणाऱ्या वनस्पतींमध्ये पाणी आणि इतर पोषक द्रव्ये ही जमिनीतून शोषून घेण्याचे काम मुळांचे जाळे करत असते. हवेतून शोषून घेतलेला कार्बन-डाय-ऑक्साइड वायू; जमिनीतून शोषून घेतलेले पाणी आणि इतर पोषक द्रव्ये यांचे वनस्पती सूर्यप्रकाशाच्या सहाय्याने साखरेत रूपांतर करतात. हरित द्रव्य हे सूर्यप्रकाशातून वनस्पतीस ऊर्जा मिळवून देते. ही ऊर्जा पाण्यातून हायड्रोजन व कार्बन-डाय-ऑक्साइड मधून कार्बन ही मूलद्रव्ये वेगळी करण्याकरिता वापरली जाते. या प्रक्रियेतून निर्माण होणारा ऑक्सिजन व पाण्याची वाफ हवेत सोडली जातात. या वनस्पतिजन्य शर्करेचे पुढे स्टार्चमध्ये रूपांतर होते. ते वनस्पती साठवून ठेवतात. इतर पौष्टिक द्रव्यांचे प्रथिने, तेल, रस आदी पदार्थांत रूपांतर होते. हे साठे पुरवून पुरवून वाढीसाठी वनस्पती वापरतात. हेच अन्न पक्ष्यांना प्रलोभन म्हणून फळांत वापरले जाते. तसेच प्रत्येक बीमध्येही या अन्नाचा साठा असतो.

माणूस म्हातारा का बनतो?

म्हातारपण हे दुसरे बालपण असे म्हटले जाते. मात्र आपण रम्य ते बालपण असे म्हटले तरी म्हातारपणाला रम्य म्हणत नाही. चिरतारुण्य हे माणसाचे अनंत काळचे स्वप्न असले तरी प्रत्येक माणसाला अपमृत्यू आला नाही तर म्हातारपणास सामोरे जावेच लागते.

जन्माला आलेली प्रत्येक व्यक्ती म्हातारपणाकडे वाटचाल करीत असते. वृद्धत्व हे शरीरात घडणाऱ्या जीवशास्त्रीय बदलांमुळे येत राहते. जसजसे वय वाढते तसतशा शारीरिक प्रक्रिया मंदावतात. याचे महत्त्वाचे कारण म्हणजे शरीरातल्या प्रथिननिर्मिती प्रक्रियांचा वेग कमी होतो. यामुळे मानवी शरीराच्या हालचाली मंदावतात. शारीरिक हालचाली मंदावल्या की त्या प्रमाणात शरीरांतर्गत हालचालीही मंदावतात. अन्नपचन क्रियांवरही वाढत्या वयाचा परिणाम होतोच. हळूहळू माणसाचे वजनही कमी होते. रोगप्रतिकारक शक्ती कमी होते. दृष्टी अधू बनते, कानांनी कमी ऐकू येते.

खरं तर हे घडणे याला आपण वृद्धत्व म्हणतो. पण अमूक एका वयातच हे घडेल, असे सांगणे अवघड असते आणि या शरीरक्रिया नक्की कशाने मंदावतात याचेही कारण अजून आपल्याला उमगलेले नाही. पण रक्तवाहिन्या जाड होणे, रक्तपेशींची निर्मिती मंदावणे, हाडे ठिसूळ होणे; मूत्रपिंडाचे आणि यकृताचे कार्य मंदावणे यामुळे शरीरभर पोषक द्रव्ये हवी त्या प्रमाणात पोचत नाहीत आणि विषारी द्रव्यांचे उत्सर्जनही हव्या त्या प्रमाणात होत नाही आणि अखेरीस वृद्धत्वाचा शेवट मृत्यूत होतो.

आपल्याला ताप का येतो?

शरीराचं तापमान नेहमीपेक्षा जास्त होणे याला आपण ताप येणे असे म्हणतो. ताप येण्याचे सुद्धा वेगवेगळे प्रकार आहेत हे आपण पाहतोच. मुदतीचा ताप, थंडी वाजून येणारा ताप, एकदम खूप येणारा ताप, बारीक किंवा चोरटा ताप, फक्त रात्री येणारा किंवा ठराविक वेळी येणारा ताप असे तापाचे सर्वसामान्य प्रकार आपण आयुष्यात कधी ना कधी स्वतः अनुभवतो किंवा जवळच्या व्यक्तीला झालेले बघतो.

आपल्या तापमापकाच्या नळीत साधारण तापमानाची खूण दाखवणारा एक बाण असतो. हा बाण ३७ अंश से. (९८।। अंश फॅ.) तापमान दाखवतो. हे साधारण तापमान खरं तर युरोपीय माणसाचे आहे. आपल्याकडे ते ९७ अंश फॅ. च्या आसपास असते. जेव्हा आपल्या शरीरात बाह्य रोगजंतू नसतात तोपर्यंत या नेहमीच्या तापमानात फरक पडत नाही; पण ज्या वेळी बाह्य रोगजंतू शरीरात प्रवेश करतात तेव्हा आपल्या शरीरात तापजनक प्रतिपिंडं निर्माण होतात. यामुळे आपल्याला ताप येतो. आपल्या शरीराच्या तापमानाचे नियंत्रण मेंदूच्या आदेशांद्वारे आणि कातडीच्या मदतीने केले जाते. तापजनक प्रतिपिंडांच्या निर्मितीमुळे मेंदूतल्या तापमान नियंत्रक केंद्राला रोगजंतूंच्या अस्तित्वाची कल्पना येते. यामुळे शरीरातील रोगप्रतिकारक यंत्रणा कार्यरत होते. रोगजंतूंचा नायनाट करणारी ही यंत्रणा कार्यरत झाली की रक्तातल्या पेशींची निर्मिती वाढीस लागते, श्वासोच्छ्वास जोरात सुरू होतो, रक्ताभिसरण क्रियेचा वेग वाढतो. शरीरातील संप्रेरके व वितंचक निर्मिती वाढीस लागते. या पेशी, ही संप्रेरके (Hormones) आणि वितंचके (Enzymes) रोगजंतूंशी लढा देतात. यामुळे नष्ट झालेले रोगजंतू आणि कामास आलेल्या पेशी घाम, लघवी, उच्छ्वासावाटे बाहेर पडतात. यामुळे श्वासोच्छ्वास जोरात होणे, घशाला कोरड पडणे आदी गोष्टी घडतात.

आपल्याकडे काही माणसे तापाकडे दुर्लक्ष करतात. पण असे करणे शरीराच्या दृष्टीनं धोकादायक आहे. ताप येताच वैद्यकीय मदत घेणेच इष्ट ठरते.

सूक्ष्म जीव म्हणजे काय?

सूक्ष्म जीव किंवा सूक्ष्म जंतू म्हणजे इंग्रजीमध्ये बॅक्टेरिया म्हटले जाणारे सजीव. हे वानससृष्टीत गणले जातात. हे सजीव एकपेशीय असून ते बघण्यासाठी प्रखर तीव्रतेच्या सूक्ष्मदर्शीची मदत घ्यावी लागते. काही सूक्ष्मजीव फक्त इलेक्ट्रॉन

सूक्ष्मदर्शीमिध्येच दिसतात.

सूक्ष्म जीवांचे पुनरुत्पादन पेशी विभाजनाने होते. नव्याने निर्माण झालेली पेशी लगेच वाढू लागते नि वीस मिनिटांच्या आत तिचे विभाजन होते म्हणजे ४० मिनिटांत ४ आणि दोन तासांत ६४ नवे सूक्ष्म जीव तयार होतात. अशा प्रकारे एका दिवसात अब्जावधी सूक्ष्म जीव तयार होतील, पण यांतले बरेच सूक्ष्म जीव अन्न, पाणी व योग्य परिस्थिती यांच्या अभावाने मरतात. या सूक्ष्म जीवांचे त्यांच्या आकारास अनुसरून ४ प्रकार केले जातात. वर्तुळाकृती, कंटकाकृती, सर्पिल आणि विरामचिन्हाकृती.

या सूक्ष्म जीवांपैकी काही आपल्या उपयोगाचे ठरतात; तर काही प्राणघातक ठरतात. विषमज्वर, धनुर्वात, क्षय, कॉलरा, घटसर्प, आव, डांग्या खोकला आदी रोग सूक्ष्म जीवांमुळे होतात. याशिवाय प्राणी आणि वनस्पतींच्या अनेक रोगांचे मूळ सूक्ष्मजीवबाधेत असतो.

याउलट दही, चीज, व्हिनेगार, द्राक्षाची दारू, ब्रेडमध्ये वापरण्यात येणारे यीस्ट आणि काही प्रतिजीवी औषधे बनविण्यासाठी सूक्ष्म जीवांचा उपयोग होतो. शिवाय सूक्ष्म जीवांच्या प्रक्रियेमुळे पदार्थ कुजतात आणि त्यातून नैसर्गिक खते तयार होतात.

पाण्याचे विविध प्रकार कोणते व उपयुक्तता काय?

हवेच्या खालोखाल जगण्यासाठी आपल्याला पाण्याची गरज असते. पाण्याशिवाय आपण फार काळ जगू शकत नाही. तहानेने आपला जीव कासावीस होत असतो. बहुतेक सर्व सजीवांना पाण्याची गरज भासते. याला अपवाद म्हणजे काही सूक्ष्म जीव. हे जीव त्यांची पाण्याची गरज रासायनिक प्रक्रियांतून भागवू शकतात.

पृथ्वीचा ७० टक्के पृष्ठभाग पाण्याने व्यापलेला असला तरी त्यातले फार थोडे पाणी पिण्यायोग्य आहे. पाणी हे दोन भाग हायड्रोजन व एक भाग ऑक्सिजन

असलेले एक रासायनिक संयुग आहे; अर्थात पाण्याचे गुणधर्म हायड्रोजन किंवा ऑक्सिजन या दोन्ही मूलद्रव्यांपेक्षा खूपच वेगळे आहेत. शुद्ध पाणी रंगविहीन, चवहीन आणि गंधहीन असते. पाण्याच्या इतर पदार्थांप्रमाणेच द्रव, वायू आणि घन अशा तीन स्थिती असतात. यांना आपण अनुक्रमे जल (पाणी), वाफ आणि बर्फ असे म्हणतो. पाणी १०० अंश से. या तापमानास उकळत असले व ० अंश से. तापमानास गोठत असले तरी त्याची वाफ केव्हाही होऊ शकते.

नैसर्गिक जलात अनेक विद्राव्य क्षार उपलब्ध असतात. झरे, ओढे, नद्यानाले यांतले पाणी खडक झिजवते. त्यामुळे त्यांतले क्षार पाण्यात विरघळलेले असतात. या क्षारांच्या स्वरूपांवरून पाण्याचे कठीण पाणी आणि हलके पाणी असे प्रकार ठरतात. कठीण पाण्यात क्षार फार असतात. पाणी ज्या भांड्यात तापवले जाते त्याच्या कडेला हे क्षार साठलेले दिसतात. या पाण्यात साबणाचा भरपूर फेस होत नाही.

कठीण पाणी दोन प्रकारचे असते. एक तात्पुरते कठीण पाणी. हे उकळल्यावर हलके (मृदू) होते, तर दुसरे कायमचे कठीण पाणी. तात्पुरत्या कठीण पाण्यात कॅल्शियम, मॅग्नेशियमची सल्फेटस् व क्लोरेट्स असतात. सोडियम कार्बोनेट या क्षाराचे मिश्रण करून उकळल्यास हे पाणीही मृदू होते.

पाणी हा खरोखरच एक विचित्र द्रव आहे. ४ अंश से. ला पाण्याचे अपवादात्मक प्रसरण होते. पाण्याचा घनरूप बर्फ पाण्यावर तरंगतो. यामुळे तळी, सरोवरे आणि सागरात वरती बर्फाचा थर आणि खाली पाणी अशी परिस्थिती निर्माण होते. यामुळे पाण्यातले सजीव जिवंत राहू शकतात. पाण्यात बरेच पदार्थ विरघळतात. पाण्यातून विजेचा प्रवाह वाहतो. आता मृदू पाण्यास 'सुफेन' आणि कठीण पाण्यास 'दुष्फेन' असे म्हणतात. सुफेन म्हणजे ज्याच्यात साबणाचा फेस लवकर होतो; तर दुष्फेन म्हणजे साबणाचा फेस लवकर होत नाही, असे पाणी.

दुधाचे घटक कोणकोणते?

प्रत्येक सस्तन प्राण्याच्या अपत्याचे पहिले अन्न म्हणजे मातेचे दूध. माणसाने पाच ते दहा हजार वर्षांपूर्वी प्राणी पाळायला सुरुवात केली. तेव्हापासून दुधासाठी प्राणी पाळणे हा महत्त्वाचा उद्योग बनला आहे. भारत आणि आग्नेय आशियात म्हशीचे दूध प्रामुख्याने वापरात आणले जाते, तर पाश्चात्त्य देशात गाईचे. उत्तरध्रुवीय प्रदेशातले लोक रेनडियरचे दूध पितात तर वाळवंटातले लोक उंटाचे दूध पितात. गाढवाचे दूध हे औषधी मानले जाते.

भारतात दूध हे पूर्णान्न समजले जाते. दुधात पाणी, साखर, प्रथिने, चरबी,

जीवनसत्त्वे आणि खनिज क्षार या शरीरावश्यक सर्व घटकांचा समावेश असतो. गाईच्या दुधात ८७.२ टक्के पाणी, ३.७ टक्के चरबी, ३.५ टक्के प्रथिने, ४.९ टक्के साखर असते.

आपण दुधापासून ताक, लोणी, दही, तूप आदी पदार्थ करतो, तर पाश्चात्त्य देशात योगुर्ट (दही) आणि चीज हे पदार्थ महत्त्वाचे मानले जातात. लोणीसुद्धा पाश्चात्त्य देशांत खपते.

आजकाल शहरात गोठे ठेवणे आरोग्याच्या दृष्टीने अपायकारक मानले जात असल्यामुळे गोठे शहराबाहेर नेण्यात आले आहेत. मुंबईसारख्या महानगरांना तर आणंद, सांगली, मिरज, खानदेश अशा दूरदूरच्या भागातून दूध पुरवले जाते. दूध चटकन नासते हे आपण बघतो. मग इतक्या लांब दूध न्यायचे कसे ? यासाठी खास वातानुकूलित गाड्या बांधल्या जातात किंवा दुधाच्या बरण्या बर्फाच्या लाद्यांवर ठेवतात. याशिवाय इतर दुग्धजन्य पदार्थही लांब अंतरावर पाठवले जातात.

सुका बर्फ कशाला म्हणतात?

बर्फ म्हटले की पाण्याचा बर्फ आपल्या डोळ्यांपुढे येतो; पण याशिवाय एक वेगळा बर्फही अस्तित्वात आहे, तो म्हणजे सुका बर्फ. कार्बन-डाय-ऑक्साइड वायूला अतिदाबाखाली गोठवले की सुका बर्फ तयार होतो. कार्बन-डाय-ऑक्साइड, ७८.५ अंश से. ला घनरूप बनतो. हा बर्फ वितळल्यावर याचे द्रवात रूपांतर न होता त्याला रारळ वायुरूप प्राप्त होतो. घनस्थितीत सुका बर्फ खूप जड आणि वड्यांच्या स्वरूपात असतो. ही वडी हातात धरली तर हात ओला होत नाही.

सुका बर्फ शास्त्रीय प्रयोगात खूपच उपयोगी ठरतो. शिवाय मांस, दूध, आईस्क्रीम असे पदार्थ दूर अंतरावर न्यायचे असतील तर ते सुक्या बर्फात ठेवले जातात.

व्यंगचित्रांची सुरुवात केव्हा झाली?

आजकालचे कुठलेही वृत्तपत्र व्यंगचित्रांशिवाय पूर्ण होत नाही. व्यंगचित्रांचे दोन प्रकार आजकाल आढळतात. प्रचलित राजकीय, सामाजिक परिस्थितीचे चित्रण करणारे व्यंगचित्र आणि एखादी ठेवणीतील व्यक्तिरेखा घेऊन केवळ विनोदनिर्मितीसाठी वापरण्यात येणारी करमणूक आणि मनोरंजक व्यंगचित्र मालिका. पहिल्या प्रकारचं उदाहरण म्हणजे बहुतेक वृत्तपत्रांच्या पहिल्या पानावर चौकटीत

असलेले चित्र. याचं उदाहरण म्हणजे टाइम्समध्ये येणारे चित्रकार आर. के. लक्ष्मण यांचे कार्टून; तर दुसऱ्या प्रकारात येतात रविवारी प्रसिद्ध होणाऱ्या वृत्तपत्रं आणि नियतकालिकांतल्या कॉमिक स्ट्रिप्स.

रिचर्ड औटकोल्टने १९०२ मध्ये Buster Brown नावाची व्यंगचित्र मालिका काढली. ती अतिशय लोकप्रिय झाली. १९१२ पासून प्रसिद्ध होत असलेली 'ब्रिंगिंग अप फादर' या व्यंगचित्र मालिकेतील 'जिग्ज आणि मॅगी' आता ७२ देशांत नि २७ भाषांत आपले पराक्रम गाजवत आहेत.

वॉल्ट डिस्नेने पहिल्या कार्टून फिल्म्स तयार केल्या, तर पंच, ह्युमर ही मासिके व्यंगचित्राला वाहिलेली मासिके आहेत. व्यंगचित्रावाटे थोडक्यात फार मोठा आशय आपल्यापुढे मांडला जातो. शिवाय रोजच्या गंभीर जीवनास विनोदी फोडणी मिळते. त्यामुळेच ती सर्वांना आवडतात.

पृथ्वीचे वय किती?

पृथ्वीचे वय काय हे मानवाला फार पूर्वीपासून पडलेले कोडे आहे ! आपल्याला आपल्या ग्रहाबद्दल तशी फारच कमी माहिती आहे. पूर्वी धर्मग्रंथामध्ये जे सांगितले होते त्याच्याविरुद्ध मत मांडल्याबद्दल अनेक शास्त्रज्ञांचे हालहाल करण्यात आले. पण हळूहळू वैज्ञानिक भूमिकेचा जय झाला. १८ व्या शतकाच्या अखेरीनंतर

एकोणिसाव्या शतकाच्या सुरुवातीपासूनच म्हणजे गेली जवळजवळ दोनशे वर्षे वैज्ञानिक पृथ्वीचे वय जाणून घ्यायचा प्रयत्न करीत आहेत.

पृथ्वीचे वय जाणून घेण्याच्या पद्धतीत खडकातील किरणोत्सर्गी मूलद्रव्यांचा क्षय मोजून त्यावरून त्या खडकाचे वय मोजायचे ही पद्धत खूप विश्वासार्ह मानण्यात येते. या पद्धतीत जुने-पुराणे खडकांचे नमुने प्रयोगशाळेत आणले जातात. त्यातील युरेनियम, शिसे किंवा पोटॅशियम, आरगॉन आदी किरणोत्सर्गी मूलद्रव्ये आणि त्यांच्या क्षयातून उत्पन्न होणारी मूलद्रव्ये यांचे गुणोत्तर बघण्यात येते.

उदाहरणच घ्यायचे झाले तर U-२३८- युरेनियम २३८- या युरेनियमच्या समस्थलीचा किरणोत्सर्जनामुळे क्षय होत राहतो. समजा शंभर ग्रॅम युरेनियम आज असेल तर त्याचा क्षय होऊन त्याचे ५० ग्रॅम युरेनियम बनायला किती वेळ लागेल नि या वेळानंतर खडकात किती शिसे तयार होईल याचे गणित शास्त्रज्ञांकडे तयार असते. (युरेनियमचे अर्धे आयुष्य ४॥ अब्ज वर्षे आहे.)

या पद्धतीने काढलेले खडकांचे वय ३॥ अब्ज वर्षे आलेय. हे जगातले जुन्यातले जुने खडक मानले जातात. हे खडक पृथ्वीच्या तप्त गोळ्यावर तयार व्हायला लागलेला काळ गृहीत धरता, पृथ्वीचे वय सुमारे ४॥ अब्ज वर्षे येते.

पृथ्वीचे अंतरंग कसे आहे?

पृथ्वीचे अंतरंग कसे असावे याबद्दल आपण आजपर्यंत अनेक तर्क करत आलो आहोत. बरेचदा भूजल किंवा इतर खनिजांबद्दल लिहिताना हे भूगर्भातून बाहेर येते असे एक चुकीचे विधान केले जाते. जगातली सर्वांत खोल खाण फक्त १२

कि. मी. खोल आहे. तर पृथ्वीची त्रिज्या ६५०० कि. मी. आहे. म्हणजे आपण पृथ्वीच्या पृष्ठभागावर ज्याला पृथ्वीची कातडी म्हणता येईल ती सुद्धा आरपार भेदून गेलेली नाही. अशा परिस्थितीत प्रत्यक्ष बघून पृथ्वीचा गाभा कसा आहे हे सांगणे अवघड आहे. पण भूवास्तवशास्त्रज्ञांनी अनेक वैज्ञानिक साधनांची आणि भूकंपांची मदत घेऊन पृथ्वीचा गाभा कसा असेल याचा अंदाज बांधलेला आहे.

पृथ्वीचा आपल्या पायाखालचा थर, पृथ्वीचे साल, कातडी किंवा कवच हा बाहेरून आत जाताना लागणारा पहिला थर. त्यानंतरच्या पृथ्वीच्या थराला 'प्रावरण' (Mantle) अशी संज्ञा आहे. प्रावरणाच्या आत पृथ्वीचा गाभा आहे, त्याचे बाह्य गाभा नि अंतर्गाभा असे दोन भाग आहेत.

पृथ्वीचे कवच हे १५ ते ५० कि. मी. जाडीचे आहे. प्रावरण २८०० कि. मी. जाड आहे तर गाभ्याचा व्यास (दोन्ही भाग मिळून) २५६० कि. मी. आहे. पृथ्वीचा गाभा लोह आणि निकेल यांच्या मिश्रणाने बनलेला आहे असा वैज्ञानिकांचा अंदाज आहे.

हवामानाचे वेगवेगळे प्रकार कोणते?

कुठल्याही एका ठिकाणाची बराच काळ पाहणी करून तिथल्या हवेतील बदलांची सरासरी लक्षात घेऊन त्या ठिकाणचे हवामान ठरवले जाते.

कुठल्याही ठिकाणचे हवामान बऱ्याच भौगोलिक गोष्टींवर अवलंबून असते. विषुववृत्ताजवळ असणे किंवा लांब असणे हा त्यातला महत्त्वाचा भाग, समुद्रसपाटीपासूनची उंची हा दुसरा भाग आणि पर्वतांचे सान्निध्य हा तिसरा भाग.

हवामानाचे विषुववृत्तीय, उष्ण, समशीतोष्ण, शीत असे चार प्रकार आहेत. विषुववृत्ताच्या दोन्ही बाजूंस ३०° अक्षांशापर्यंत विषुववृत्तीय हवामान असते, तर कर्क आणि मकर वृत्तांवर जगातली बरीचशी वाळवंटे असल्यामुळे तिथे विषम हवामान असते. विषुववृत्तावर बाराही महिने अधूनमधून पाऊस पडतो. त्यामुळे इथे विषुववृत्तीय जंगले आढळतात.

कर्क आणि मकर वृत्तांच्या पलीकडे साधारण ५०° अक्षांशापर्यंत तीव्र उन्हाळा नि तीव्र हिवाळा असे ऋतू आढळतात. त्या पलीकडे मात्र थंड प्रदेश सुरू होतात. त्याचेही ध्रुवीय वर्तुळातील व ध्रुव प्रदेशाबाहेरील असे दोन भाग आहेत. याशिवाय हिमरेषेच्यावर असलेल्या विषुववृत्ताजवळील प्रदेशात बर्फ म्हणजेच शीत तापमान आढळून येते.

दिवस-रात्र कसे होतात?

दिवस रात्र कसे होतात? ऋतू कसे बदलतात? या गोष्टींचे मानवाला अगदी सुरुवातीपासून कोडे होते. पूर्वी या घटनांमागची कारणपरंपरा न कळल्यामुळे यांना दैवी चमत्कार मानण्यात येत असे; पण हळूहळू यामागची कारणपरंपरा कळून आली आणि या घटनांभोवती असलेले गूढवलय गळून पडले.

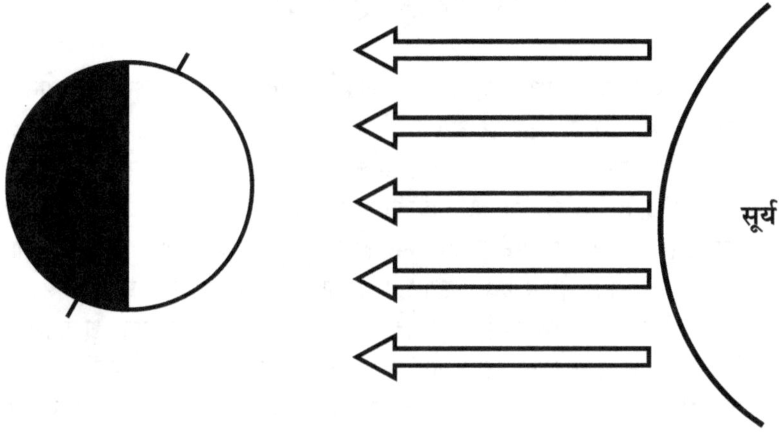

पृथ्वी स्वतःच्या अक्षाभोवती फिरत फिरत सूर्याभोवती फिरते. पृथ्वीचा हा अक्ष उत्तर-दक्षिण आहे असे आपण म्हणतो. पण हा अक्ष क्षितिज समांतर रेषेच्या काटकोनात नसून तो २३ १/२ अंश कललेला आहे. यामुळे सूर्यकिरण पृथ्वीवरच्या वेगवेगळ्या ठिकाणी वेगवेगळ्या कोनातून पडतात. तसेच एकाच ठिकाणी निरनिराळ्या वेळी ते निरनिराळ्या कोनांतून पडतात.

पृथ्वी स्वतःच्या अक्षाभोवती पश्चिमेकडून पूर्वेकडे अशी फिरते. यामुळे पृथ्वी सादृश स्थिर असलेला सूर्य आपल्याला पूर्वेकडे उगवून पश्चिमेकडे मावळतोय असा भास होतो. पृथ्वीचा जो भाग सूर्याकडे असतो तिकडे दिवस व जो सूर्यासमोर नसतो तिकडे रात्र होते. जेव्हा पृथ्वीच्या अक्षाचे उत्तर टोक सूर्याकडे झुकलेले असते तेव्हा पृथ्वीच्या उत्तर भागात उन्हाळा आणि दक्षिण भागात हिवाळा असतो. तर याउलट म्हणजे अक्षाचे दक्षिण टोक सूर्याकडे झुकते, (याला आपण दक्षिणायन म्हणतो) तेव्हा दक्षिणेकडे उन्हाळा नि उत्तरेकडे हिवाळा सुरू होतो.

दरवर्षी २१ मार्च आणि २३ सप्टेंबरला सूर्य विषुववृत्तावर असतो, तेव्हा

सर्वत्र दिवस व रात्र बारा तासांची असते. २१ मार्चनंतर सूर्य उत्तरेकडे वाटचाल करू लागतो असे आपल्याला वाटते तेव्हा विषुववृत्ताच्या उत्तरेकडील दिवसांची लांबी वाढू लागते आणि दक्षिणेकडे रात्रीची लांबी वाढू लागते. २१ सप्टेंबरनंतर नेमकी याउलट परिस्थिती निर्माण होत असते.

सूर्यकिरणांमुळे अशा तऱ्हेने पृथ्वीच्या भागास वेगवेगळ्या प्रमाणात उष्णता मिळते. याचा हवामानावर जो परिणाम जाणवतो, यालाच आपण ऋतू म्हणतो.

विषुववृत्तावर खूप उष्मा का होतो?

विषुववृत्त म्हणजे पृथ्वीच्या मध्यावर काढलेले एक काल्पनिक वर्तुळ. हे दोन्ही ध्रुवांपासून सारख्याच अंतरावर आहेत.

पृथ्वीला सूर्यापासून ऊर्जा मिळते. ही अर्थातच सर्वत्र सारखी नसते. पृथ्वी हा एक गोल आहे. यामुळे या वर्तुळाकृतीवर सूर्याचे किरण निरनिराळ्या कोनांतून पडतात. त्यामुळे हवेत त्यांचे वक्रीभवनही होते. विषुववृत्तावर मात्र अशी परिस्थिती नसते. तिथे सूर्यकिरण सरळच पडतात. तिरक्या येणाऱ्या किरणांना एक तर सरळ येणाऱ्या किरणांपेक्षा जास्त अंतर कापावे लागते. शिवाय हवेतील ढग, धुलीकण, परागकण, पाण्याची वाफ आदी गोष्टींनी त्यांच्यामधली उष्णता शोषूनही घेतली जाते नि सूर्यकिरणांचं वक्रीभवनही होतं. यामुळे ह्या दीर्घ प्रवासात हे किरण सरळ पडणाऱ्या किरणांपेक्षा क्षीण होतात. यामुळेच विषुववृत्तावर इतर ठिकाणांपेक्षा जास्त उष्मा असतो.

वाळवंटे कशी अस्तित्वात येतात?

वाळवंट म्हणजे वाळूचा सागर नि पाण्याचे दुर्भिक्ष. सहारा, गोबी, थर, ही वाळवंटांची नावं आपण ऐकली आहेतच. यांतले थरचे वाळवंट भारतातच आहे. वाळवंटांनी पृथ्वीचा एकअष्टमांश भाग व्यापला आहे. ही वाळवंटे अस्तित्वात यायची अनेक कारणे आहेत. यांतले महत्त्वाचे कारण म्हणजे वारे. जेव्हा एखाद्या विशिष्ट भूभागावर एकाच दिशेने वाहणारे वारे असतात तेव्हा हे वारे आपल्याबरोबर त्या भूभागावरील आर्द्रता वाहून नेतात. यामुळे जमिनीतील आर्द्रताही नाहीशी होते. माती कोरडी पडते. यामुळे तिथे वनस्पती उगवत नाहीत नि हळूहळू तो भूभाग वाळवंटी बनतो.

अतीव वृक्षतोडीमुळे जमिनीची धूप होऊन सुद्धा वाळवंटे तयार होतात.

सागरतटावरच जर मोठी पर्वतराजी असेल तर पावसाचे ढग अडून किंवा हवेतली आर्द्रता पर्वत ओलांडून पलीकडे न गेल्यामुळे पर्वतराजीच्या पलीकडचा भाग शुष्क बनतो. त्यामुळेही वाळवंटे तयार होतात.

आफ्रिकेतले सहारा वाळवंट हे जगातील सर्वात मोठे वाळवंट असून ते पूर्वपश्चिम ५१२० कि. मी. आहे तर त्याचा उत्तर-दक्षिण विस्तार १२८० कि. मी. आहे.

वातावरण म्हणजे काय?

पृथ्वीभोवती असलेले हवेचे आवरण म्हणजे वातावरण. वातावरणात ७८.१ टक्के नायट्रोजन, २१ टक्के ऑक्सिजन, ०.०४ टक्के कार्बन-डाय-ऑक्साइड, ०.९ टक्के आरगॉन, याशिवाय पाण्याची वाफ, इतर निष्क्रिय वायू, मिथेन, नायट्रस ऑक्साइड, कार्बन मोनॉक्साइड, ओझोन, हेलियम, हायड्रोजन, धूळ, धूर, परागकण, क्षार कण, ज्वालामुखीची राख, विषाणू आदी गोष्टी असतात.

वातावरण पृथ्वीजवळ खूप दाट असते, पण जसजसे वर जावे तसतसे ते विरळ होऊ लागते. पृथ्वीचे वातावरण पृथ्वीच्या पृष्ठावर १००० कि. मी. तरी पोचते. अर्थात वातावरण नक्की कुठे संपते हे सांगणे अवघड आहे. वातावरणाचे कायिक गुणधर्मांवर अवलंबून खालीलप्रमाणे भाग पाडण्यात आले आहेत-

१) क्षोभावरण (Troposphere)- हे पृथ्वीपासून १७ कि. मी. उंचीपर्यंत पसरलेले असते. वातावरणाच्या एकूण वजनाच्या ७५ टक्के वजनाची हवा क्षोभावरणात सामावलेली असते. पृथ्वीवरचे सर्व सजीव क्षोभावरणात राहतात.

२) स्तरितावरण (Stratosphere)- हे ४८ कि. मी. पर्यंत असते. या आवरणाच्या वरच्या भागात जो ओझोनचा थर असतो तो सूर्यप्रकाशातील अतिनील किरण शोषून घेतो. हे किरण सजीवांना धोकादायक असतात. पण ओझोन थरामुळे ते पृथ्वीच्या पृष्ठभागापर्यंत पोचू शकत नाहीत.

३) मध्यांबर (Mesosphere)- ५० कि. मी. ते ८५ कि. मी. पर्यंतच्या वातावरणाच्या भागास मध्यांबर म्हणतात.

४) अयनांबर (Ionosphere)- हे ५०० कि. मी. पर्यंत पसरलेले असते. यात मूलद्रव्ये अयन स्वरूपात असतात. या आवरणातून रेडियोलहरींचे परावर्तन होते. यामुळेच आपण दूरदूरची रेडियोस्थानके ऐकू शकतो.

५) बाह्यांबर (Exosphere)- येथे जवळजवळ हवा नसतेच. बाह्यांबर ओलांडले की अवकाश सुरू होते.

हवेला वजन असते काय?

या प्रश्नाला चटकन नकारार्थी उत्तर द्यायचा आपल्याला मोह होतो. हवा हे अनेक प्रकारच्या रेणूंचे मिश्रण असते. हवेत अनेक पदार्थ वायुरूप स्थितीत वावरत असतात. सर्वच रेणूंना वजन असते. यामुळे हवेलाही वजन असणे साहजिक आहे.

हे सिद्ध करायला एक छोटा प्रयोग करून बघता येईल. एक फुगा घ्यायचा. तो तराजूत टाकायचा. दुसऱ्या तागडीत त्याच्या वजनाइतके वजन टाकायचे. नंतर फुंकून फुगा भरायचा नि त्याचे तोंड गाठ मारून ते बंद करायचे; हा फुगा पुन्हा त्याच्या तागडीत टाकायचा. लगेच फुग्याचे पारडे जड झालेले आढळून येईल. याचाच अर्थ हवेला वजन असते.

हवेला वजन असल्यामुळे वातावरणाचा दाब हा शास्त्रीयदृष्ट्या एक महत्त्वाचे वास्तवशास्त्रीय अंग ठरते. आपण समुद्रसपाटीच्या जवळ राहतो. इथे पाणी १०० अंश सें. ला उकळते; याउलट हिमालयात उंचावरच्या ठिकाणी हवेचा दाब कमी झाल्यावर हे पाणी खूपच आधी उकळते.

वाऱ्याचा वेग कसा मोजतात?

'आंध्रच्या किनाऱ्यावर वादळ येणार आहे. या वादळाचा वेग ताशी १००कि. मी. असेल.' किंवा '६० कि. मी. वेगाच्या वाऱ्यांनी किनारपट्टी झोडपली.' अशा तऱ्हेच्या बातम्या आपण वाचतो. या बातम्या ऐकताना वाऱ्याचा वेग कसा मोजतात हा प्रश्न आपल्यासमोर येत असतो.

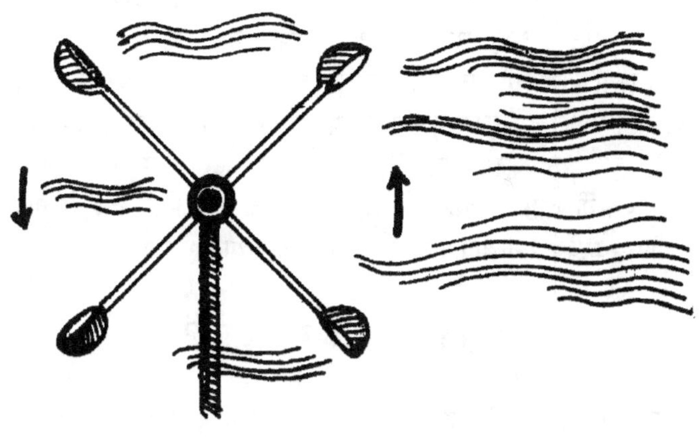

वाऱ्याचा वेग मोजायचे यंत्र इ. स. १६६७ मध्ये रॉबर्ट हुकने शोधले. वाऱ्याने फिरणाऱ्या चाकाचा उपयोग वाऱ्याचा वेग मोजण्यासाठी करता येईल असे हुकला वाटले. त्यातूनच हे यंत्र तयार झाले.

या यंत्रात एका अक्षाभोवती फिरणारे हलक्या वजनाचे बहुधा ॲल्युमिनियमचे दांडे असतात. या दांड्याची टोके वाटीसारखी असतात. वारा सुटताच हे दांडे फिरू लागतात; कारण वारा वाट्यांना ढकलतो. या दांड्यांच्या फेऱ्या मोजून वाऱ्याचा वेग ठरवणे शक्य होते.

वाऱ्याचा वेग कळणे हे वैमानिकांच्या दृष्टीने अत्यावश्यक असते. याशिवाय हवामानाचे अंदाज व्यक्त करायलाही याची मदत होते.

पाऊस कसा पडतो?

आकाशात ढग जमले की पाऊस पडतो. असे ढग पावसाळ्यात जमा होतात हे आपल्याला ठाऊक आहे. उन्हाळ्याच्या दिवसांत नदी, नाले, ओढे, जलाशय तसेच सागराच्या पाण्याची सूर्याच्या उष्णतेने वाफ होते. या वाफेचे ढग बनतात. हे ढग वाऱ्याने ढकलले जाऊन भूभागावरच्या हवेवर तरंगू लागतात. भूभागावर जी हवा असते त्या हवेत धुलीकण, परागकण आदी सूक्ष्म कण तरंगत असतात. ढगातील पाण्याची वाफ या कणांभोवती बिंदूरूपात जमा होते. हेच ते पावसाचे थेंब, हे पाण्याचे थेंब गुरुत्वाकर्षणामुळे जमिनीकडे धाव घेतात.

'मान्सून' कशाला म्हणतात?

'मान्सून' हा शब्द 'मौसम' या अरबी शब्दावरून अस्तित्वात आला आहे. मौसम म्हणजे ऋतू. आग्नेय आणि दक्षिण आशियाई देशांत, म्हणजे भारत आणि भारताच्या पूर्वेस असलेल्या देशांत पाऊस ठराविक ऋतूत पडतो. या देशांत उन्हाळ्याच्या अखेरच्या भागात समुद्राकडून जमिनीकडे वारे वाहतात. तर हिवाळ्यात जमिनीवरून समुद्राकडे वारे वाहतात. समुद्राकडून जमिनीकडे वाहणारे वारे या देशांत जून ते सप्टेंबर या काळात मोसमी पाऊस आणतात. हाच तो मान्सून. उन्हाळ्याच्या सुरुवातीला जमीन तापायला सुरवात होते. जमीन पाण्यापेक्षा लवकर तापते नि थंड होते. सततच्या उन्हामुळे आशिया खंडातला हा भूभाग प्रचंड तापतो आणि इथे या भूभागावर कमी दाबाचा पट्टा निर्माण होतो. साहजिकच समुद्राकडून जमिनीकडे वारे वाहू लागतात. हे नैर्ऋत्य मान्सून वारे. हिवाळ्यात जमीन थंड होत जाते तर पाणी उबदारच राहते. यामुळे जमिनीकडून सागराकडे वारे वाहतात. हिमालयाला अडलेले ढग या वाऱ्यांबरोबर परत फिरतात. याला ईशान्य मान्सून म्हणतात.

ढग कसे तयार होतात?

ढग येतात कुठून, जातात कुठे? ते तयार कसे होतात? हे कुतूहल आपल्याला नेहमीच वाटत आले आहे. भारतीय शेतकरी हा शेतीसाठी पावसावर अवलंबून असल्याने तो पावसाळ्याच्या सुरुवातीला मोठ्या आशेने ढगांची वाट बघतो. जमिनीवरच्या पाण्याची वाफ होऊन ती हवेत जाते. तिथे ही वाफ एकत्रित होऊन ढग जमा होतात हे आपल्याला ठाऊक आहेच. हे ढग वाऱ्यांबरोबर ढकलले जातात आणि योग्य संधी येताच त्यांचे पावसात रूपांतर होते. सर्वच ढग सारखे नसतात. त्यांच्या आकारावरून त्यांचे विविध प्रकार होतात. हे प्रकार करताना ढगाच्या

आकाराची रूपरेषा, विस्तार आणि ते कसे दिसतात याचा विचार केला जातो. ढगांचे वर्गीकरण पुढीलप्रमाणे -

१) केसाळ मेघ (Cirrus)- हे ढग खूप उंचीवर तयार होतात. हे रंगाने पांढरे आणि पक्ष्यांच्या पिसांसारखे दिसतात. साधारणपणे ८ ते ११ हजार मीटरच्या दरम्यान हे असतात. हे ढग छोट्या छोट्या बर्फाच्या कणांचे बनलेले असतात.

२) स्तरित मेघ (Stratus clouds)- साधारणपणे २॥ हजार मीटर उंचीवर हे ढग तयार होतात. ते धुक्यासारखे दिसतात. कुंद हवा नि पिरपिरा पाऊस हे या ढगांचे वैशिष्ट्य.

३) राशी मेघ - १२ ते १५॥ शे मीटर उंचीवरचे हे ढग घुमटाकार असतात. ते पर्वतराशींसारखे दिसतात. हे रूपेरी किंवा फिक्कट रंगाचे असतात.

४) वर्षा मेघ - नावाप्रमाणे हे मेघ पाऊस पाडतात. काळे, निळसर काळे असे हे मेघ वाफेने ओथंबलेले असतात. हजार मीटरपेक्षा हे कमी उंचीवर असतात. या सर्व प्रकारांचे एकत्रीकरण करून ढगांचे आणखीही वर्गीकरण करता येईल, पण ढगांचे हे चार प्रकार महत्त्वाचे आहेत.

काही ढग पाऊस न पडताच पुढे का निघून जातात?

पावसाळ्यात बरेचदा आकाशात ढग जमतात. आता पाऊस पडणार असे वाटू लागते. मग बरेचदा असे घडते की पाऊस न पडताच हे ढग निघून जातात. असे का घडते?

ढगात पावसाचे थेंब तयार होण्यासाठी बर्फाचे कण, धुलीकण किंवा परागकण असावे लागतात. यांना बीज किंवा केंद्र म्हणतात. नुसती ही केंद्रे ढगात असून चालत नाही. जर जोरदार वारे असतील तरी ढग पुढे निघून जातात. जर ढगाखालची हवा गरम असेल तर ढगाच्या खालच्या बाजूस तयार होत असलेल्या थेंबांची पुन्हा वाफ होते. त्यामुळे मग पाऊस पडत नाही. ढगाच्या खालच्या बाजूला जर तापमान कमी असेल तर मात्र थेंब हळूहळू मोठे होतात नि गुरुत्वाकर्षणामुळे पाऊस पडू लागतो.

वावटळ, वादळ आणि चक्रीवादळ कसे तयार होतात?

वारा नेहमीपेक्षा जोरात वाहू लागला की त्याला आपण वावटळ सुटली असे म्हणतो. वावटळी या स्थानिक स्वरूपाच्या असतात. यात कधी धूळ असते.

पालापाचोळा असतो, तर कधी नुसतेच, गरम वारे असतात.

उन्हाळ्यात दोन ठिकाणच्या तापमानातील फरकामुळे वावटळी सुटतात. एखाद्या ठिकाणची हवा जास्त तापून वरवर जाऊ लागली की तिथे कमी दाबाचा पट्टा निर्माण होतो व आजूबाजूची हवा ही पोकळी भरून काढायला धाव घेते. यालाच आपण वावटळ म्हणतो.

वादळ, चक्रीवादळ, घूर्णवाती वादळ हे अतिशय धोकादायक वादळांचे प्रकार आहेत. यांतल्या घूर्णवाती वादळाची संहारक शक्ती फार प्रचंड असते. त्याची गती ताशी २०० कि. मी. पर्यंत जाते. चक्रीवादळाचा हा वेगवान प्रकार. यात फनेलच्या आकाराचा एक मध्यवर्ती स्तंभ असतो. या स्तंभाला दाब अतिशय कमी असतो. त्यामुळे हे वादळ जवळ येताच आजूबाजूच्या वस्तू या स्तंभात खेचल्या जातात नि वरवर जाऊ लागतात.

सागरी चक्रीवादळे यांना 'हरिकेन्स' असे इंग्लिशमध्ये म्हणतात. ही विषुववृत्तीय प्रदेशांत आढळतात. यांचा विस्तारही मोठा असतो. १०० ते ३५० कि. मी. त्रिज्येचे वर्तुळ ती व्यापतात. या वादळात वाऱ्याचा वेग १५० ते २०० कि. मी. असू शकतो. या हरिकेनचा केंद्रभाग-इंग्लिशमध्ये याला 'डोळा' म्हणतात-हा ५ ते २५ कि. मी. चा असतो. या केंद्रभागी अतिशय शांतता असते. अजिबात वारे वाहत नाहीत व असे वाटते की हे वादळ ओसरले, पण हा डोळा पुढे सरकतो, आणि वादळाचा दुसरा तडाखा बसतो. ही वादळे सागरात निर्माण होतात नि वाटेत येणाऱ्या बेटांचा नि किनारपट्टीवरील प्रदेशाचा धुव्वा उडवतात.

सागरी वादळे ही सागरावरून कमी दाबाच्या भूभागावर येऊन भूप्रदेशांचे नुकसान करतात. ती येताना आपल्याबरोबर राक्षसी लाटाही आणतात. आंध्रप्रदेशला १९७७ मध्ये झोडपणारे वादळ हे असेच एक सागरी वादळ होते. यात प्रचंड नुकसान आणि जीवहानी झाली होती.

गारा कशा तयार होतात?

वळवाच्या पावसात बर्फाचे गोल, अर्धगोल असे छोटे छोटे तुकडे पडलेले आपण बघतो. या गारा वेचून आपण खातोसुद्धा. असे पाऊस बहुधा उन्हाळ्यात पडतात. असले गडगडाटी पाऊस नि त्याबरोबर चमकणाऱ्या विजा यांची आपल्याला भीती वाटते, पण पडणाऱ्या गारा वेचण्याच्या नादात आपण ही भीती विसरत असतो.

ढगांमध्ये पावसाचे थेंब तयार झाले की ते गुरुत्वाकर्षणामुळे जमिनीकडे झेपावतात. ढग आणि जमीन यांच्यामध्ये जर खूप थंड तापमान असेल किंवा ढगाचेच तापमान खूप कमी असेल तर पाणी गोठून त्याचे बर्फ होते. या बर्फील

केंद्राभोवती आणखी थोडे थेंब चिकटून ते मोठे होतात. काही वेळा पाण्याचे थेंब पडू लागताच त्यांचे बर्फाच्या स्फटिकात रूपांतर होते. हे स्फटिक मग हवेवर तरंगून पुन्हा ढगात येतात नि त्यांची पुन्हा वाढ होते. मग हे हवेवर तरंगू शकत नाहीत आणि येताना हवेशी घर्षण होऊन त्यांच्या कडा घासून गुळगुळीत होतात. मग हे गोल किंवा अर्धगोल आपण गारा म्हणून गोळा करतो.

जर गारेचा आडवा छेद घेतला तर त्यात पारदर्शक आणि मितपारदर्शक थर दिसतात. यावरून गार तयार होताना त्यावर किती नि कसे पाणी जमा होऊन गोठले ते सांगता येते. सर्वसामान्यतः गार १ ते ८ सें. मी. व्यासाची असते. मात्र ६ जुलै १९२८ या दिवशी पॉटरनेब येथे १५ सें. मी. व्यासाची व ७१७ ग्रॅम वजनाची गार पडली होती.

अशा गारांमुळे खूप नुकसान होऊ शकते. प्राणी आणि माणसे गारपिटीमुळे दगावल्याचीही उदाहरणे आहेत. गारपिटीमुळे उभे पीक झोपते. इ. स. १८८६ मध्ये मोरादाबाद येथे गारपिटीत आणि वादळात २४८ माणसे बळी पडली.

धुके का पडते ?

हिवाळ्याच्या दिवसांत सकाळी उठून बाहेर पडावे तर शहरावर धुक्याचे पांघरूण दिसते. सूर्य जसजसा वर येत जातो तसतसे धुके हळूहळू कमी होत जाते. पण काही वेळा मात्र दिवसाउजेडी सूर्यदर्शन अवघड होते. दाट धुके असले की, वाहन चालविणेही अवघड होते.

धुके म्हणजे जमिनीजवळचा एक प्रकारचा ढगच, असे म्हणायला हरकत नाही. जमिनीजवळच्या हवेत जी पाण्याची वाफ असते ती संघटित होते. बर्फाच्या भांड्याच्या बाहेरच्या बाजूला जशी वाफ संघटित होऊन जमा होते तेच इथे जमिनीच्या बाबतीत मोठ्या प्रमाणावर घडते. हवेत एका विशिष्ट तापमानास विशिष्ट मर्यादेपेक्षा जास्त पाण्याची वाफ राहू शकत नाही. तापमान कमी झाले की हवेतली वाफ साठवण्याची मर्यादाही कमी होते. मग ही जी जास्तीची वाफ असते ती धुक्याच्या रूपाने आपल्याला दिसते. रात्रभर थंड झालेल्या जमिनीजवळ हे धुके मग खूप काळ रेंगाळताना दिसते.

आजकाल शहरात प्रदूषणामुळे धूळ आणि इतर कण जास्त असल्यामुळे तिथे जास्त दाट धुके बघायला मिळते. याला स्मॉग असे म्हणतात.

वीज चमकते म्हणजे नेमके काय होते ?

पावसात बरेचदा ढगांचा प्रचंड गडगडाट ऐकू येतो. त्यातच विजा चमकू लागतात. वीज चमकून झाल्यावर मग गडगडाट ऐकू येतो. याचे कारणही आपल्याला माहीत आहे. प्रकाश ध्वनीपेक्षा खूपच जलद गतीने प्रवास करतो.

बरेचदा वीज पडून प्राणहानी झाल्याची किंवा घर जळाल्याची बातमी येते. काही विमाने आकाशात असतानाच वीज पडून कोसळल्याचीही उदाहरणे आहेत. ढगांवर जी स्थितविद्युत साठलेली असते ती एका ढगाकडून दुसऱ्या ढगाकडे जाणे किंवा स्थितविद्युत साठलेला ढग पृथ्वीच्या फार जवळ आल्याने या विजेने पृथ्वीकडे झेप घेणे यालाच आपण वीज चमकणे असे म्हणतो. हे अंतर कधी कधी ५० ते १०० कि. मी. असू शकते.

टोकदार वस्तू, झाडे, उंच इमारती यांच्याकडे वीज आकर्षिली जाते. त्यामुळे आपल्याकडे पूर्वी अंगणात पहार टाकायची पद्धत होती. वीज पडली तर ती विद्युतवाहकाकडे आकर्षिली जाईल हा त्यात हेतू होता. विजा चमकत असताना झाडाखाली उभे राहू नये ते यासाठीच. उंच इमारतीवर टोकदार वीजवाहक बसवून तांब्याच्या पट्टीच्या सहाय्याने विजेला मार्ग काढून दिलेला असतो.

पर्वत कसे तयार झाले?

आजूबाजूच्या भूभागापेक्षा खूप उंच असणाऱ्या भूभागाला आपण पर्वत म्हणतो. छोटासा उंचवटा असेल तर त्याला टेकडी म्हणतो, टेकडीपेक्षा उंच भूभागाला डोंगर म्हणतो. अनेक डोंगर मिळून पर्वत शृंखला होते. पर्वत शृंखला मैलोगणती पसरलेली असते.

पर्वतांमध्ये बरेचदा उपयुक्त खनिजे सापडतात. पर्वतांतून आपल्याला पाणी पुरवणाऱ्या नद्या उगम पावतात. यामुळे भूशास्त्रज्ञांनी पर्वतांचा सखोल अभ्यास केलेला आहे. पर्वत निरनिराळ्या कारणांनी जन्माला येतात.

वलीयनाने जन्माला आलेले पर्वत हा एक प्रकार. पृथ्वीच्या कवचाच्या हालचालींमुळे दोन पृष्ठभाग एकमेकांवर आदळतात, तेव्हा भूस्तरास वळ्या पडून हे पर्वत तयार होतात. भारतीय भूखंड तिबेटच्या भूखंडावर आपटल्यानंतर मधल्या समुद्राचा तळ उचलला जाऊन व त्याला वळ्या पडून आपला हिमालय पर्वत तयार झालेला आहे.

ज्वालामुखीय पर्वत ज्वालामुखीच्या उद्रेकामुळे लाव्हा साठत जाऊन तयार होतात.

याशिवाय जमिनीच्या हालचालीमुळे मधलाच एखादा भूखंड खूप वर उचलला जातो किंवा बाजूचे भूखंड खाली दबतात. यांना प्रस्तर भंगाने निर्माण झालेले पर्वत असे म्हणतात; तर एखादा टणक खडक कमी झिजतो नि आजूबाजूच्या खडकांची जलद झीज होऊन लक्षावधी वर्षांनी आपल्याला अपक्षरणाने तयार झालेले पर्वत बघायला मिळतात.

ज्वालामुखी कसे तयार होतात?

ज्वालामुखी म्हणजे आग ओकणारे पर्वत अशी ज्वालामुखींची चित्रे बघून आपली समजूत झालेली असते. प्रत्यक्षात आग असते ती प्रचंड तापमानामुळे आजूबाजूची झाडे जळाली तरच ! ज्वालामुखीच्या मुखावर जे आगीसारखे दिसते ते प्रचंड तापमानामुळे लाल झालेला शिलारस आणि ज्वालामुखीय राख यांचे मिश्रण असते. यामुळेच ज्वालामुखी असे नाव या उद्रेकांना प्राप्त झाले आहे.

आपण जसजसे पृथ्वीच्या पोटात जातो तसतसे तापमान वाढत जाताना आपल्याला आढळते. सुमारे ३० कि. मी. खोलीवर हे तापमान इतके वाढते की, खडक तिथे वितळून जाऊन त्यांचा शिलारस किंवा मॅग्मा बनतो.

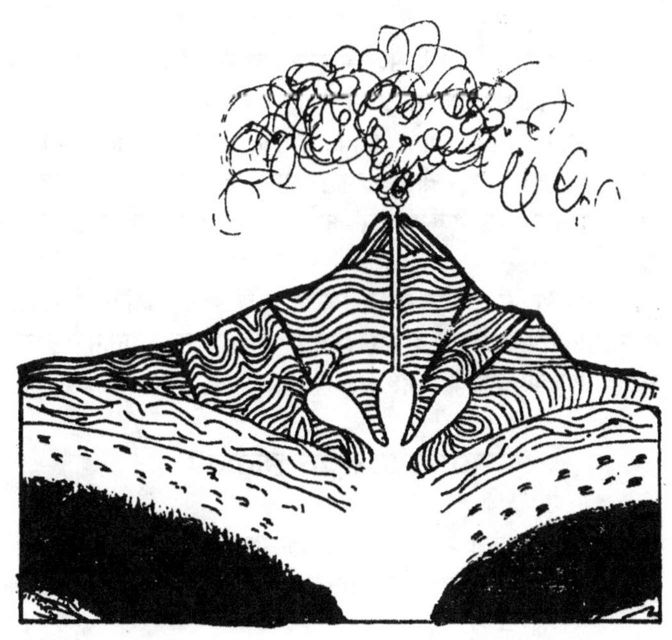

जिथे भूकवचातून वर यायला वाव असेल अशा ठिकाणी हा मॅग्मा भूपृष्ठावर यायचा प्रयत्न करतो. कारण तो प्रचंड दाबाखाली असतो. जिथे भूकवच फारच पातळ असते अशा ठिकाणी भूकवच छेदून हा मॅग्मा भूपृष्ठावर येतो. यावेळी त्याच्यातले वायू, पाण्याची वाफ, राख वातावरणात मिसळतात, आणि शिलारस जमिनीवर वाहू लागतो. याला लाव्हा असे म्हणतात.

भूकंप कसे होतात?

रोज आपण वृत्तपत्रे वाचतो. त्यात वर्षातून एक-दोनदा तरी मोठ्या भूकंपांच्या बातम्या असतात; तर इतर वेळेस मुंबईला भूकंपाचा धक्का, कराडला भूकंप जाणवला अशा छोट्या छोट्या बातम्या असतात. मोठ्या भूकंपात मानवी संपत्तीचे खूप नुकसान होते.

हे भूकंप का घडतात, हा प्रश्न यामुळे आपल्या मनात येत राहतो. भूकंप दोन प्रकारचे असतात. ज्वालामुखीच्या प्रदेशात मॅग्मा जेव्हा भूपृष्ठावर यायची धडपड करीत असतो तेव्हा भूकंप होत राहतात. ही ज्वालामुखी जागृत होण्याची चिन्हे मानली जातात. हे भूकंप स्थानिक स्वरूपाचे असतात.

दुसरे भूकंप भूकवचात खडकांवर पडलेला ताण असह्य होऊन खडकांच्या हालचाली होतात, त्यामुळे निर्माण होतात. ते दूरवर जाणवतात.

आपल्याला १९६७ च्या डिसेंबर महिन्यात झालेला भूकंप आठवत असेलच. याहीपेक्षा खूप जोरदार धक्के भूकंपपट्ट्यात बसतात. या धक्क्यांची तीव्रता भूकंपमापक यंत्राच्या सहाय्याने मोजली जाते. इराक, इराण, अफगाणिस्तान, पाकिस्तान, भारताचा हिमालयीन भाग, चीन, जपान आणि ब्रह्मदेश, इंडोनेशिया, हवाई बेटे, असा हा आशियाई भूकंप पट्टा आहे. इराकच्या पश्चिमेस तो आफ्रिकेत पोहोचतो.

भूकंपाचे केंद्र सागरात असेल तर सुनामी या प्रचंड भूकंपी लाटांमुळे किनाऱ्यावरची शहरे वाहून गेल्याची उदाहरणे आहेत. डिसेंबर २००४ मध्ये सुनामीने उडवलेला हाहाःकार आपण बघितलाच आहे.

नद्या कशा तयार होतात?

नदी म्हणजे पाण्याचा मोठा प्रवाह. अनेक छोटे छोटे झरे, ओढे, नाले यांचे प्रवाह एकत्र होऊन नदी तयार होते. अनेक नद्यांच्या संगमाने 'नद' तयार होतो.

आपण मराठीत बहुतेक सर्व प्रवाहांना 'नदी' असेच संबोधतो. ब्रह्मपुत्रा, गंगा व कृष्णा हे भारतातले 'नद' आहेत.

पावसाळ्यात पाऊस पडतो. तो सर्वत्र पडतो. या पाण्याचा निचरा होणे हे जमिनीच्या उतारावर अवलंबून असते. पावसाचे पाणी कमीत कमी विरोधाचा उतार शोधत, अडथळ्यांना वळसे घालत वाहू लागते. ही नदीची सुरुवात असते. यामुळे हळूहळू खडक झिजून पाण्याचा वैशिष्ट्यपूर्ण प्रवाह तयार होतो. या प्रवाहाचे काठ असतात. ते काठ ही त्या प्रवाहाची मर्यादा असते. या मर्यादेतल्या भूभागास आपण नदीचे पात्र म्हणतो.

जसजशी अनेक वर्षे जातात तसतसे नदीच्या उगमाजवळचे नदीचे पात्र खोल खोल जाते आणि दऱ्या तयार होतात. इथे नदीचे पाणी प्रचंड वेगात खळाळत वाहते. पुढे नदीनेच तयार केलेला मैदानी प्रदेश असतो. इथे नदीचे पात्र बरेच विस्तृत असते. रुंदीच्या मानाने उथळ असते. कारण त्यात गाळ साठतो. यात मधून मधून डोह असतात. पावसाळ्यात नदीचे पाणी खूप दूरवर पसरते. नदी बरेचदा वाहण्याची जागा बदलते आणि समुद्राला मिळताना त्रिभुज प्रदेश तयार होत असतो. याला कोकणासारखी परिस्थिती मात्र अपवाद ठरते.

सरोवरे कशी तयार होतात?

भूभागाच्या खोलगट खळग्यात साठलेले पाणी म्हणजे सरोवरे होत. सरोवरांना पावसाचे पाणी किंवा हिमालयात विरळलेल्या बर्फापासून पाणी मिळते. सरोवरे निरनिराळ्या कारणांनी तयार होतात. सुप्त ज्वालामुखींच्या विवरात पाणी साठून काही सरोवरे तयार होत असतात. भूभौतिक हालचालींमुळे निर्माण झालेल्या खळग्यात पाणी साठून काही सरोवरे तयार होतात. उल्कापातांमुळे पडलेल्या खड्ड्यांत पाणी साठून काही सरोवरे तयार होतात. हिमनदीच्या पात्रात जे खळगे तयार होतात त्यात मूळ बर्फाचे विरळलेले पाणी साठून सरोवरे तयार होतात.

काही सरोवरात खारे पाणी असते तर काहीत गोडे पाणी असते. भारतातले लोणार सरोवर हे उल्कापाताने तयार झालेले आहे तर अमेरिकेतील लेक सुपिरियर हे हिमनदीने खरवडलेल्या भूभागात आहे; आफ्रिकेतले लेक व्हिक्टोरिया हे भूभौतिक हालचालींनी खचलेल्या भागात खचदरीतले सरोवर आहे. राजस्थानातले सांभर सरोवर हे खाऱ्या पाण्याचे सरोवर आहे.

झरे कसे लागतात?

विहीर खोदताना झरे लागले असे आपण म्हणतो. काही वेळा डोंगराळ भागात एखाद्या खडकातून झरा एकाएकी बाहेर पडताना आपल्याला दिसतो. हे कसे घडते? काही ठिकाणी उन्हाळी किंवा गरम पाण्याचे झरे असतात. राजापूरजवळ कोकणात असे झरे आहेत. कोकणातच संगमेश्वरजवळ आणि अरवली या खेडेगावी उन्हाळी झरे आहेत. हे सर्व झरे कसे तयार होतात हा प्रश्न आपल्या मनात उद्भवणे साहजिकच आहे.

जेव्हा पाऊस पडतो तेव्हा त्यातले काही पाणी जमिनीत मुरते. हे पाणी मिळेल त्या मार्गाने जमिनीत खोलवर जाते. वाटेत जिथे अपार्य म्हणजे पाण्यास प्रतिबंध करणारा खडक लागतो, तिथे अर्थातच हे पाणी अडते आणि साठत राहते. या पाण्यास जिथे त्याच क्षितिजसमांतर रेषेत किंवा पातळीत बाहेर पडायला वाव मिळतो तिथे ते बाहेर पडते, याला आपण झरे म्हणतो. जर या पाण्यास बाहेर पडण्यास वाव मिळाला नाही तर ते तसेच भूजल या स्वरूपात साचून राहते नि एखादा माणूस खणत खणत तिथपर्यंत पोचला तर ते विहिरीत येते.

जेव्हा पाणी खूप खोल जाते आणि भूपृष्ठाखालील उष्णतेने तापते तेव्हा ते गरम होऊन बाहेर पडते. पुरातन, मृत ज्वालामुखींच्या परिसरात असे पाणी विपुल प्रमाणात आढळते.

धबधबे कसे तयार होतात?

खूप उंचावरून पडणाऱ्या नैसर्गिक पाण्याच्या प्रवाहास आपण धबधबा असे म्हणतो. हे धबधबे बघण्यासाठी खूप माणसे येतात. हे धबधबे प्रेक्षणीय असतात. हे तयार कसे होतात?

जेव्हा एखाद्या नदीच्या प्रवाहात कठीण खडक असतो, त्यापुढेच जर त्या खडकापेक्षा मऊ खडक असेल तर या मऊ खडकाची झीज कठीण खडकापेक्षा जलद गतीने होते आणि हळूहळू नदीच्या पात्रात खड्डा तयार होत होत कालांतराने धबधबा तयार होतो. काही वेळा प्रस्तरभंगामुळे एकदम नदीच्या प्रवाहातला प्रवाहाच्या दिशेचा खडक खचूनही धबधबे तयार होत असतात.

कर्नाटकातले गोकाक, गिरसप्पा आणि दूधसागर हे धबधबे आपल्या जवळ असलेले प्रेक्षणीय धबधबे. धबधब्यांच्या प्रवाहाचा फायदा घेऊन विद्युतनिर्मिती केंद्रे उभारण्यात येतात.

हिमनद्या कशा तयार होतात?

हिमालय, आल्प्स किंवा ध्रुवीय प्रदेशांत बर्फाचे लोट हळूहळू पुढे सरकताना आढळून येतात. यांनाच हिमनद्या म्हणतात. या हिमनद्यांची लांबी २५ ते १०० कि. मी. असते. या हिमनद्या बर्फाच्या राशी एकमेकांवर रचल्या जाऊन तयार होतात. सतत बर्फ साठत राहिले की, ते मग उन्हाळ्यातसुद्धा वितळत नाही. अशा बर्फावर नव्याने बर्फ पडते. पुढे पुढे या हिमराशींचे वजन इतके वाढते की, त्यातले तळाचे थर हळूहळू पुढे पुढे सरकू लागतात.

हिमनद्या दोन प्रकारच्या असतात. एक म्हणजे पर्वतात उतारावर साठून दरीत घसरत जाणाऱ्या हिमनद्या. या नदीच्या वाटेत आलेले मोठमोठे टोळे बर्फाच्या वजनाने व ढकलताना होणाऱ्या घर्षणाने फुटतात व हिमनदीच्या पुढे पसरले जातात. या घर्षणाने तयार होणाऱ्या दरीत चकचकीत पृष्ठभाग तयार होतो. या दरीचा आकार इंग्रजी U आकाराचा असतो.

दुसऱ्या प्रकारच्या हिमनद्या म्हणजे भूखंडी हिमनद्या. जेव्हा एखाद्या मैदानात किंवा सपाट भूभागावर मोठ्या प्रमाणात बर्फ साठते, तेव्हा ते हळूहळू स्वतःच्या वजनामुळे पुढे पुढे सरकू लागते. हे पुढे सागराला मिळाले तर त्याचे तुकडे पाण्यात तरंगतात. हेच ते धोकादायक हिमनग.

नैसर्गिक पूल कसे तयार होतात?

पूर्वी ओढ्यावर झाड पडून पूल तयार व्हायचा. त्यानंतर कोकणातल्या साकवासारखे, माणसे जाऊ शकतील असे पूल तयार होऊ लागले. असे असले तरी काही ठिकाणी नैसर्गिकरीत्या पूल तयार झालेले आढळून येतात.

जिथे चुनखडक किंवा वालुकाश्म असतो, अशा ठिकाणी तळातला खडक

अपक्षरणाने निघून जातो नि खडकाचा वरचा थर तसाच राहतो. याचाच नैसर्गिक पूल तयार होतो.

अमेरिकेत युता प्रांतात असे तीन नैसर्गिक पूल आहेत. हे पूल पर्यटकांचे आकर्षण बनले आहेत. भारतात मध्यप्रदेश व राजस्थानात काही ठिकाणी असे छोटेखानी नैसर्गिक पूल आढळून येतात.

सागर कसे तयार झाले?

आपल्या पृथ्वीवर ७०% पेक्षा जास्त पाणी आणि उरलेली जमीन आहे. सागराचा विस्तार ३,६१० लक्ष चौरस कि. मी. एवढा आहे. पृथ्वीच्या उत्पत्तीबद्दल अनेक सिद्धांत आहेत. असे असले तरीही सागर कसे तयार झाले हे अजूनही सांगता आलेले नाही. ते कसे तयार झाले असावेत याबद्दल शास्त्रज्ञांचे काही तर्क आहेत. पृथ्वीच्या निर्मितीबरोबरच सागरांचीही निर्मिती झाली असावी का ? हे सांगणेही अवघड आहे. आजचे समुद्र ५० ते १०० कोटी वर्षांपूर्वी तयार झाले असावेत असा एक तर्क आहे आणि ते कसे अस्तित्वात आले असावेत याबद्दलही शास्त्रज्ञांनी काही तर्क लढवले आहेत.

पृथ्वीच्या जन्माच्या वेळी पृथ्वी हा तप्त वायूंचा नि खडकांचा गोळा असावा. तो हळूहळू थंड होत होत तप्त खडकांचा हा गोळा तयार झाला. या गोळ्याभोवती तप्त वायूंचे आवरण होते. पुढे आणखी तापमान कमी झाल्यावर पृथ्वीभोवतालचे ढग आक्रसले गेले आणि जड झाले. हळूहळू त्यातून पाऊस पडू लागला. हा पाऊस अर्थातच आत्तासारखा शुद्ध पाण्याचा नव्हता. दुसरे म्हणजे तेव्हा जमीन अशी अस्तित्वात नव्हतीच. त्यामुळे पाऊस पडताच त्याची पुन्हा वाफ व्हायची. असे लक्षावधी वर्ष चालले होते. पाऊस पडायचा, त्याची वाफ व्हायची, ती वरवर जात थंड होऊन तिचे ढग व्हायचे नि पुन्हा पाऊस पडायचा. या काळात हळूहळू पृथ्वीवरचे तप्त शिलारस थंड होत होत त्यांच्यावर सायीसारखी आद्य जमीन तयार झाली; तरीही पावसाचे चक्र चालूच होते. या पावसाने भूभागातले खळगे हळूहळू भरले नि त्यातून सागरांची निर्मिती झाली असावी असे म्हटले जाते.

समुद्राचे पाणी खारट का?

'वॉटर वॉटर एव्हरीवेअर अँड, नॉट अ ड्रॉप टू ड्रिंक!' हे सुप्रसिद्ध वचन सर्वांनी ऐकलंच असेल. याचे कारण असे की, सागराचे पाणी इतके खारट

असते की ते आपण पिऊ शकत नाही. पाणी खारट आहे म्हणजे त्यात क्षार असणार हे उघडच होते. सागरी पाण्यात ३।। ते ४% क्षार असतात. नदीच्या मुखाजवळ हे प्रमाण कमी होते तर ज्या समुद्रातून पाणी बाहेरच्या सागरी पाण्याशी मिसळायला फारसा वाव नसतो, तिथे हे प्रमाण फार वाढते. तांबडा समुद्र, मृत समुद्र, कास्पियन समुद्र यांत हे क्षारांचे प्रमाण अतिशय जास्त आहे. मृत समुद्रात जर एखाद्या माणसाने उडी मारली तर तो त्या क्षारयुक्त पाण्यावर विनासायास तरंगतो.

हे क्षार समुद्रात येतात कुठून? या प्रश्नाचे उत्तर फारच सोपे आहे. समुद्रास नद्या येऊन मिळत असतात. या नद्या येताना खडकांवरून वाहतात. पाण्याच्या प्रवाहाने या खडकांची झीज होते. हे खडकांना झिजवणारे पाणी खडकातल्या खनिजांची झीज, गाळ, माती या स्वरूपात वाहून नेते. यातच निरनिराळे क्षार असतात. सागरात हे क्षार सतत पडले तरी सागरातले पाणी मात्र वाढत नाही. कारण सागराच्या पाण्याची वाफ होऊन त्याचे ढग बनतात नि पाऊस पडतो. या चक्रात पाणी तेच असते फक्त क्षार नव्याने येतात. म्हणून तर सागराचे पाणी खारट.

मुंबईहून पश्चिम रेल्वेने प्रवास करताना रेल्वे रस्त्याच्या पश्चिमेला सागर तटावर मिठागरे दिसतात. हे मीठ सागरी क्षारयुक्त पाणी वाळवून तयार झालेले असते.

सागराच्या अंतरंगात भूकंप आणि ज्वालामुखी असतात काय?

भूपृष्ठावर जसे भूकंप घडतात किंवा ज्वालामुखी उफाळतात तसेच भूकंपाचे धक्के सागरतळी जाणवतात आणि ज्वालामुखीही उफाळतात. सागरतळावर सतत लक्षावधी टन गाळ साठत असतो. या वजनाखाली सागरतळाचे खडक दबले जातात, शिवाय इतरही अनेक भूभौतिक कारणांनी सागरतळाचे खडक एकमेकांसापेक्ष हलतात; यामुळे सागराचे पाणी जोरात हलवले जाते आणि प्रचंड मोठ्या लाटा निर्माण होतात. या लाटांना सुनामी म्हणतात. १९४६ साली ॲल्युशियन बेटांजवळच्या भूकंपात निर्माण झालेली एक लाट ५ तासांत ३२०० कि. मी. दूर हवाई बेटांवर जाऊन आदळली. १८ व्या शतकात अशाच एका लाटेने लिस्बन ही पोर्तुगालची राजधानी धुऊन नेली होती. २००४ मधली लाट अगदी अलीकडची.

सागरतळी होणाऱ्या ज्वालामुखींच्या उद्रेकांनी सागरतळावर लाव्हाचे थर साचतात. हे उद्रेक सतत होत राहिले तर एक दिवस हे लाव्हाचे थर साठत साठत सागरावर डोके काढतात आणि एका नव्या बेटाचा जन्म होतो. ज्वालामुखीचा स्फोट जर मोठा

असेल तर त्यामुळेही वादळी लाटा निर्माण होतात. १८८३ साली क्राकाटोआच्या स्फोटाने निर्माण झालेल्या लाटांनी इंडोनेशियन द्वीपसमूहात खूपच नुकसान केले होते.

१९७० मध्ये आइसलँडजवळ सर्ट्सी हे ज्वालामुखीय बेट निर्माण झाले.

सागरतळी पर्वत आहेत का?

सागरतळ सपाट असेल अशी जर आपली अपेक्षा असेल तर ती चुकीची आहे. सागरतळ भूपृष्ठाइतकाच उंच-सखल भागांनी भरलेला आहे. यातले जे उंचवटे सभोवतालच्या सागरतळापेक्षा १ कि. मी. ने उंच आहेत, त्यांना सागरी पर्वत असे म्हटले जाते. असे जवळजवळ २००० पर्वत आपल्याला ठाऊक आहेत. आपण सागरतळाचा सखोल अभ्यास केला तर असे आणखी पर्वत आपल्याला सापडतील. हे बहुतेक सर्व पर्वत सागरपृष्ठाखाली आहेत पण यांतले काही सागरावर डोकावतात. त्यांना मग आपण बेटे म्हणतो. अशी बेटे पॅसिफिक महासागरात भरपूर प्रमाणात आढळतात.

यातल्या मौना कुआ या हवाईयन बेटाची सागरपृष्ठावरील उंची (४२०० मीटर) आणि सागरपृष्ठाखालील उंची (५४८६ मीटर) यांची बेरीज माउंट एव्हरेस्टपेक्षा जास्त भरते.

मृत समुद्राला 'मृत' का म्हणतात?

मृत समुद्र मध्य पूर्वेत आहे. तो इस्रायल व जॉर्डन यांच्या सीमेवर आहे. या समुद्राच्या पाण्यास बाहेर पडायला वाव नाही. खरं तर ते महाप्रचंड सरोवरच आहे. यात वाऱ्याने येणारे क्षार, पाण्याबरोबर येणारे क्षार यांची भर पडते. हे प्रमाण इतके असते की त्यामुळे या सागराच्या पाण्यात कुठलाही सजीव जिवंत राहू शकत नाही. म्हणून या सागराला 'मृत समुद्र' असे म्हणतात.

मृत समुद्र ७७ कि. मी. लांब आहे. त्याची जास्तीत जास्त रुंदी २० कि. मी. आहे. या सागरपृष्ठाची पातळी जागतिक सागर पातळीच्या ३९६ मीटर खाली आहे. या सागराला जॉर्डन नदी येऊन मिळते. शिवाय इतर छोटे-मोठे नालेही मिळतात. यातून फक्त बाष्पीभवनाने जे पाणी जाईल तेवढेच. त्यामुळे क्षार वाहून जायला मार्ग उरत नाही. यामुळे मृत समुद्रात २३ ते २५% क्षार आढळतात.

या समुद्रातून पोटॅश, मॅग्नेशियम क्लोराइड, कॅल्शियम क्लोराइड आणि ब्रोमाइड आदी क्षार काढले जातात.

पृथ्वीवर सर्वत्र वेळ सारखीच का दाखवली जात नाही?

भारतात दुपारचे ४ वाजलेले असतात तेव्हा जपानमध्ये रात्र पडत असते, अमेरिकेत पहाट व्हायची असते तर लंडनमध्ये लोक ऑफिसला जायच्या गडबडीत असतात.

याउलट भारतात हिवाळ्यात आसाममध्ये पहाटे पाचला लखख उजाडते तर मुंबईत सातला, असे का होते?

पृथ्वी स्वतःभोवती एक पूर्ण प्रदक्षिणा करायला जो वेळ घेते त्याला आपण एक दिवस असे म्हणतो. या दिवसाचे आपण २४ सारखे भाग केले. हा प्रत्येक भाग म्हणजे एक तास आणि या तासाचे पुढे ६० भाग करून त्याला आपण मिनीट असे नाव दिले आहे. त्या मिनिटाचे पुन्हा ६० सेकंद असतात.

हे भाग अर्थात मानवनिर्मित आहेत. जगात सर्वत्र एकच घड्याळ वापरायचे ठरले तर आपण ज्याला पहाटे पाच म्हणू ते दुसऱ्या एखाद्या देशात संध्याकाळचे पाच ठरतील. हा घोटाळा टाळण्यासाठी प्रत्येक देश एका विशिष्ट रेखांशास वेळ प्रमाण रेखांश ठरवतो. भारतात हा वेळप्रमाण रेखांश अलाहाबादेतून जातो. लंडनजवळच्या ग्रिनीच वेधशाळेतून जाणारा रेखांश हा सर्व जगाचे वेळप्रमाण. इथून दर १५° पूर्वेला आले की ग्रिनीच वेळेत एक तास मिळवायचा नि पश्चिमेस जाताना दर १५°स एक तास कमी करायचा. असे जगाचे २४ वेळ भाग पाडले आहेत. यामुळे प्रत्येक देश आपल्या सोयीने वेळ रेखांश निवडून आपली प्रमाणवेळ ठरवतो.

विश्वाची निर्मिती कशी झाली?

हा विश्वाचा पसारा खरोखरच अफाट आहे. 'अनादि अनंत' म्हणतात ती उपमा या विश्वाला खरोखरी लागू पडते. आपली पृथ्वी ही सूर्याच्या पुढे एखाद्या कस्पटासारखी क्षुल्लक आहे. आपला सूर्य हा एक मध्यम प्रतीचा तारा आहे. अशा अब्जावधी ताऱ्यांनी आपली आकाशगंगा बनली आहे. अशा लक्षावधी आकाशगंगा आपल्याला ज्ञात असलेल्या विश्वात आहेत आणि या विश्वाच्या सीमारेषा आपल्याला ठाऊक नाहीत.

आपल्या सूर्याच्या ग्रहमालेत नऊ ग्रह, त्यांचे असंख्य उपग्रह, उल्कांचा पट्टा, अनेक धूमकेतू आहेत. अशा ग्रहमाला असलेले अनेक तारे आपल्या आकाशगंगेत आहेत.

आपली आकाशगंगा इंग्रजी S आकाराची आहे. तिच्या एका टोकाला आपला सूर्य आणि त्याची पिलावळ आहे. हे सगळे निर्माण कसे झाले, याबद्दल अनेक सिद्धांत आहेत. त्यांतला वैश्विक स्फोट (Big bang) सिद्धांत सध्या सर्वमान्य ठरत

आहे. सर्वत्र वास्तुमात्र पसरले होते. मग एक प्रचंड स्फोट झाला आणि हा वास्तुमात्राचा गोळा विखुरला. त्यापासून आकाशगंगा तयार झाल्या. हे विश्व सतत पसरत चाललेय नि त्याचा विस्तार होतोय. सुमारे २० अब्ज वर्षांपूर्वी हा स्फोट झाला. दुसऱ्या एका सिद्धांताप्रमाणे या विस्ताराला मर्यादा असून ती मर्यादा गाठताच हे विस्तारणारे विश्व पुन्हा आकुंचन पावू लागेल. याला स्पंद विश्व सिद्धांत Pulsating Universe असे म्हणतात.

आकाशगंगा म्हणजे काय?

रात्री निरभ्र आकाशात आपल्याला एक धूसर पांढरा पट्टा दिसतो. या पट्ट्याला आपण 'आकाशगंगा' म्हणतो. इंग्रजीमध्ये याला 'मिल्कीवे' असे म्हणतात. आधुनिक खगोलशास्त्रीय निरीक्षण साधने आणि रेडिओ दूरदर्शी यांच्या सहाय्याने या आकाशगंगेचा अभ्यास करण्यात आला आहे. आकाशगंगेत अगणित तारे, वैश्विक धूळ आणि वायूंचे ढग आढळून आले आहेत. अशा कोट्यवधी अभ्रिका (गॅलक्सी) विश्वात आहेत. आपली आकाशगंगा इंग्रजी 'S' अक्षरासारखी असून मध्ये जाड नि बाजूला विरळ होत जाते. या आकाशगंगेत १५ अब्जांहून अधिक तारे आहेत. आपण आकाशात बघतो तो आकाशगंगेचा मध्यभाग. आपली आकाशगंगा ८० हजार प्रकाशवर्षे लांब आणि ३२ हजार प्रकाशवर्षे रुंद आहे. (एक प्रकाशवर्ष म्हणजे दर सेकंदाला ३ लक्ष कि. मी. या वेगाने प्रकाशाने एका वर्षात कापलेले अंतर ९४००८ अब्ज कि. मी.) आपला सूर्य आकाशगंगेच्या मध्यापासून ३० हजार प्रकाशवर्षे दूर असून तो आकाशगंगेच्या मध्याभोवती फिरतो. या एका प्रदक्षिणेसाठी त्याला २५ कोटी वर्षे लागतात.

उल्का कशाला म्हणतात?

निरभ्र आकाशात रात्री आपल्याला एखादा उजेड जोरात पृथ्वीकडे येताना क्षणभर दिसतो आणि नाहीसा होतो. यालाच आपण उल्कापात असे म्हणतो. उल्केलाच 'अशनी' असेही नाव आहे.

अशनी किंवा उल्का हे एखाद्या ग्रहाचे किंवा धूमकेतूचेही तुकडे असू शकतात. मंगळाच्या पलीकडे आणि गुरूच्या अलीकडे आपल्या सूर्यमालेत एक 'अशनीपट्टा' आहे. शास्त्रज्ञांच्या अंदाजाप्रमाणे पूर्वी या पट्ट्याऐवजी या कक्षेत एखादा ग्रह फिरत असावा आणि त्याचे पुढे तुकडे झालेले असावेत. तो का फुटला याची कारणे

अज्ञातच आहेत. या पट्ट्यातला एखादा छोटासा दगड कधी कधी वाट चुकतो नि सूर्याकडे जायला निघतो. हे अशनीही सूर्याभोवती फिरत असतात. त्यातल्या एखाद्याची भ्रमणकक्षा बदलते नि तो सूर्याकडे खेचला जातो. अशा वेळेस जर तो पृथ्वीच्या जवळ आला तर पृथ्वीचे गुरुत्वाकर्षण त्याला आपल्याकडे खेचते. हा अशनी पृथ्वीच्या वातावरणात येताना हवेशी घर्षण होऊन तापतो नि आपल्याला दिसतो तेव्हा आपण त्याला उल्का असे म्हणतो.

काही उल्का आकाशातच जळून जातात तर इतर काही उल्का पृथ्वीवर पडतात. तोपर्यंत त्यांचे तुकडे झालेले असतात. उल्का फार मोठी असेल तर तिच्यामुळे खड्डा पडतो. भारतात बुलढाणा जिल्ह्यात लोणार येथे असा खड्डा आहे. त्यात पाणी साठून आता लोणारचे तळे तयार झाले आहे. या तळ्याच्या भोवतीच्या काठाचा व्यास ५ कि. मी. आहे.

उल्का तीन प्रकारच्या असतात.

१) धातुक उल्का - यात लोह निकेलचे प्राबल्य असते.

२) खडकी उल्का - यात खनिजे असतात.

३) कार्बनी उल्का - यात कार्बनी संयुगे असतात.

या तिसऱ्या प्रकारच्या उल्का अवकाशात सजीव असावेत याचा पुरावा म्हणून मानण्यात येतात.

तारे कसे तयार होतात?

आपण आकाशात असंख्य तारे बघतो. यांतले काही अतिशय तेजःपुंज

असतात, तर काही अतिशय मंद असतात. सर्वच तारे चमचम करतात. (तारका, चांदण्या आणि तारे यांच्यात फरक नाही. हे सर्व कमी-अधिक तेजाचे व सूर्य-पृथ्वीपासून कमी-जास्त अंतरावर अवकाशात सर्वत्र आढळतात.)

हे सर्व तारे, वायू आणि अवकाशात विखुरलेल्या वास्तुमात्र कणांच्या एकत्रित येण्याने तयार झालेले आहेत. अवकाशातील वायू आणि वास्तुमात्राचे कण यांचा आधी एखादा ढग तयार होत असतो. हा ढग आकुंचन पावू लागतो. यामुळे जो दाब निर्माण होतो, त्यातून उष्णता निर्माण होते. या उष्णतेचे अवकाशात उत्सर्जन होते. यामुळे तो ढग आणखी आकुंचन पावतो. कधी या आकुंचन पावणाऱ्या गोळ्याचे तुकडे होतात आणि ते वेगवेगळे आकुंचन पावू लागतात. याचा जो तेजोगोल तयार होतो, त्याचे तापमान लक्षावधी अंश सेल्सीयस असते, त्यामुळे या तेजोगोलात औष्णिक-आण्विक प्रक्रिया सुरू होतात. यामुळे ते ऊर्जेचे उत्सर्जन करू लागतात. यांनाच आपण तारे म्हणतो. हळूहळू त्यांचे तापमान कमी कमी होत जाते. या ताऱ्यांमध्ये हायड्रोजन वायूपासून हेलियम हा वायू तयार होत असतो. ही प्रक्रिया अब्जावधी वर्ष चालते. जेव्हा हायड्रोजनचे प्रमाण १०% पेक्षा कमी होते तेव्हा तारा विझू लागला असे म्हटले जाते. आपला सूर्यही असाच एक तारा आहे.

आपल्याला पृथ्वीची गती का जाणवत नाही?

आपली पृथ्वी स्वतःच्या अक्षाभोवती फिरत फिरत सूर्याभोवती फिरते, ही

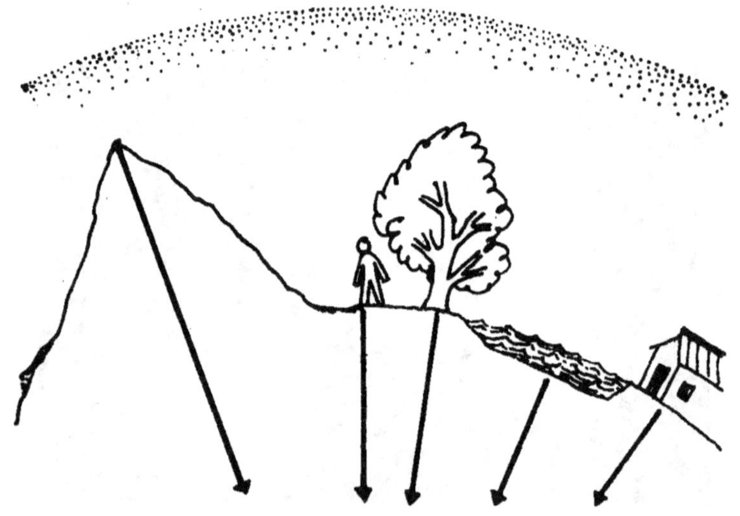

घटना आता सर्वमान्य झाली आहे. काही शतकांपूर्वी ही कल्पना कुणालाच मान्य होत नसे आणि अशी कल्पना मांडणाऱ्या शास्त्रज्ञांना अघोरी शिक्षा ठोठावण्यात येत.

सर्वप्रथम इ. स. १५४५ मध्ये कोपर्निकस या पोलंडमधील शास्त्रज्ञाने पृथ्वी सूर्याभोवती फिरत असावी असे अनुमान काढले. यानंतर अनेक शास्त्रज्ञांनी हालअपेष्टा सोसल्या पण अखेरीस हा सिद्धान्त आता सर्वमान्य झाला आहे, पण जर पृथ्वी फिरते तर मग आपल्याला हे जाणवत कसे नाही हा प्रश्न आपल्या मनात उपस्थित होणे अगदी साहजिकच आहे. याचे उत्तरही अगदी सोपे आहे. पृथ्वीच्या गुरुत्वाकर्षणामुळे पृथ्वीच्या वातावरणासह पृथ्वीवरील सर्व गोष्टी पृथ्वीबरोबरच त्याच वेगाने फिरतात. यामुळे आपल्याला पृथ्वी फिरताना जाणवत नाही. मात्र पृथ्वी जर फिरायची थांबली तर आपण सगळे प्रचंड वेगाने अवकाशात फेकले जाऊ.

गुरुत्वाकर्षण म्हणजे काय?

आपण जेव्हा चेंडू वर फेकतो तेव्हा तो परत खाली येतो. झाडावरून फळ पडते. आपण जिन्यावरून काळजीपूर्वक उतरलो नाही, तर गडगडत खाली येतो. हे सगळे घडते ते पृथ्वीच्या गुरुत्वाकर्षणामुळे.

इ. स. १५९० मध्ये गॅलिलिओने पोकळीत सोडलेल्या दोन वस्तू एकाच वेळी जमिनीवर पडतात हे सिद्ध केले. मग त्यांचे वजन कितीही असले तरी जर त्या एकाच उंचीवरून सोडल्या तर त्या एकाच क्षणी जमिनीवर आपटतात. गॅलिलिओचा हा प्रयोग मानवी प्रगतीतला एक महत्त्वाचा टप्पा आहे. पिसाच्या जगप्रसिद्ध झुकत्या मनोऱ्यावरून गॅलिलिओने दोन निरनिराळ्या वजनांचे गोळे एकाच वेळी सोडले नि ते एकाच वेळी जमिनीवर आपटले. यानंतर सर आयझॅक न्यूटन यांनी पृथ्वीचे गुरुत्वाकर्षण सर्वप्रथम विषद करून सांगितले. कुठल्याही दोन वस्तूंत आकर्षण असते. हे आकर्षण त्या वस्तूच्या वस्तुमानावर अवलंबून असते. तसेच त्या दोन वस्तूंमधील अंतरावर अवलंबून कमी-जास्त होते.

सौर डाग कशाला म्हणतात?

इ. स. १६१० मध्ये गॅलिलिओने सर्वप्रथम सौर डागांचे निरीक्षण केले. त्याने तयार केलेल्या दूरदर्शीतून सूर्याच्या तळपत्या पृष्ठभागावर ते सौर डाग काळ्या भोकांसारखे वाटतात, असे त्याने नमूद केले आहे. हे सौर डाग आणि सौर शिखा

म्हणजे सूर्याच्या पृष्ठावरचे दोन आकर्षक देखावे असे खगोल शास्त्रज्ञांचे मत आहे.

हे सौर डाग गटागटाने दिसतात. हळूहळू त्यांची संख्या वाढत जाते. मग ते हळूहळू मावळत जातात आणि हे चक्र पुन्हा सुरू होते. हे चक्र सात, अकरा किंवा चौदा वर्षांनी बघायला मिळते. हे डाग सूर्याच्या दीप्ती मंडलात दिसतात. आधुनिक खगोलशास्त्रीय सिद्धान्तानुसार हे डाग अतिशय शक्तिमान अशा चुंबकीय क्षेत्रांमुळे अस्तित्वात येतात.

जेव्हा सूर्याच्या एखाद्या भागात काही सौर घडामोडींमुळे चुंबकीय क्षेत्र तयार होते, तेव्हा त्या भागाचे तापमान खाली येते. यामुळे सूर्याच्या इतर तप्तभागाच्या तुलनेत हे भाग कमी तेजःपुंज, पर्यायाने डागासारखे भासतात. या डागांचे तापमान ४०००° से. असते. मुख्य म्हणजे सूर्यावरचे हे डाग आपली जागा सतत बदलत असतात.

या डागांचा आकार सूर्यावर छोटा भासला तरी आपल्या दृष्टीने खूप प्रचंड असतो. यांतले काही डाग हजारो पृथ्वी व्यापून उरतील एवढे प्रचंड असतात. यांचा काही वेळा व्याप जवळजवळ ८० कोटी चौरस कि. मी. एवढा असतो. १९४६ मध्ये ४ लक्ष ८० हजार कि. मी. लांब व १ लक्ष १२ हजार कि.मी. रुंदीचा एक डाग शास्त्रज्ञांच्या निदर्शनास आला होता.

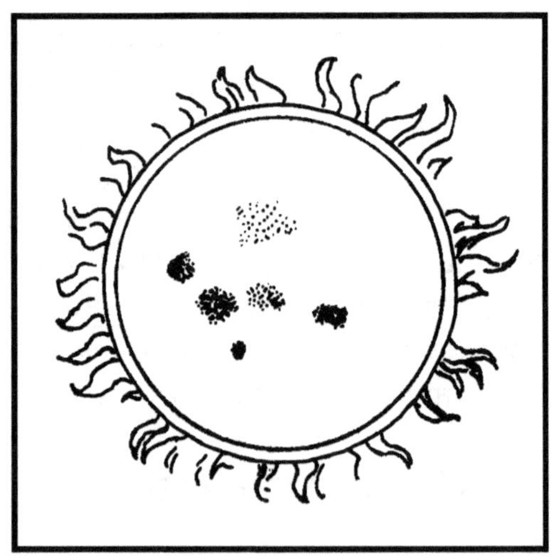

या डागांमुळे आणि त्यांच्या बदलत्या आकारांमुळे सूर्याच्या स्वपरिभ्रमणाची माहिती मिळविणे शास्त्रज्ञांना शक्य झाले आहे.

सूर्य केव्हा विझेल?

सूर्य हा तारा आहे. त्यामुळे कधी ना कधी तरी इंधन संपून त्याचा अंत होणार हे निश्चित. शास्त्रज्ञांनी हा अंतःकाल कधी ओढवणार हे जाणून घेण्यासाठी काही गणिते केली आहेत. सूर्याकडून आपल्याकडे येणारा प्रकाश व उष्णता हे सूर्याच्या गर्भात चालू असलेल्या औष्णिक-आण्विक प्रक्रियांचे परिणाम आहेत हे तर आता शास्त्रज्ञांना कळले आहेच; पण त्याचबरोबर सूर्यात हजर असलेले हायड्रोजनचे अणू एकत्रित येऊन त्यांच्यामुळे हेलियम अणूंची निर्मिती होते, हे या प्रक्रियेचे स्वरूपही आता शास्त्रज्ञांना ठाऊक झाले आहे. या प्रक्रियेत निर्माण झालेल्या ऊर्जेच्या १ टक्का ऊर्जा पृथ्वीवर येऊन पोहोचते.

ज्या दिवशी सूर्यातला हायड्रोजन अणूंचा साठा हळूहळू संपुष्टात येईल तेव्हा आपोआपच सूर्य विझू लागेल. अजून तरी काही अब्ज वर्षे हा साठा संपणार नाही, सूर्याच्या आकाराच्या ताऱ्याचे सर्वसाधारण आयुष्य १० अब्ज वर्षांचे असते असा शास्त्रज्ञांचा अंदाज आहे. त्यांतली ५ अब्ज वर्षे झाली. तेव्हा अजून ५ अब्ज वर्षे तरी सूर्य विझणार नाही हे नक्कीच.

शनीभोवतालची कडी कशाची बनलेली आहेत?

शनी हा आपल्या सूर्याच्या ग्रहमालेतील गुरूखालोखाल मोठा असलेला ग्रह. तो सूर्यापासून १४३ कोटी कि. मी. अंतरावर आहे. सूर्याभोवती एक प्रदक्षिणा पूर्ण

करायला शनीला २९।। वर्षे लागतात. त्याचे वजन पृथ्वीपेक्षा ९६ पट जास्त असून, घनफळ जवळजवळ ७४४ पट आहे. पण यापेक्षाही शास्त्रज्ञांचे लक्ष या ग्रहाने वेधून घ्यायचे कारण म्हणजे शनीभोवतालची कडी. साध्या डोळ्यांनी जरी ही कडी दिसू शकली नाहीत तरी दूरदर्शीच्या सहाय्याने ही कडी स्पष्ट दिसू शकतात. गॅलिलिओने इ. स. १६१० च्या जुलै महिन्यात हा ग्रह दूरदर्शीच्या साहाय्याने प्रथम बघितला, तेव्हा या ग्रहाभोवती काहीतरी आहे एवढेच त्याने नमूद केले; पण इ. स. १६५५ मध्ये ख्रिश्चन ह्यूजेन्स या शास्त्रज्ञाने हे काहीतरी म्हणजे प्रत्यक्ष ग्रहाला स्पर्श न करणारे कडे आहे हे प्रथम जाहीर केले.

पुढे जसजशी दूरदर्शीत सुधारणा होत गेली, तसतशी शनीची वेगवेगळी कडी स्पष्ट दिसू लागली. ही कडी धूळ आणि हिमकणांची बनलेली असावीत असा शास्त्रज्ञांचा अंदाज आहे. शनीशिवाय युरेनसभोवतीही कडी आहेत, असा आता शोध लागला आहे.

पृथ्वीचा उपग्रह चंद्र कशाचा बनला आहे?

आपल्याकडे चंद्र हा पृथ्वीचा भाऊ मानला जातो तर इतर काही संस्कृतीत मुलगा, आणि बहीणसुद्धा. बहुतेक सर्व आदिम संस्कृतीत चंद्राची पूजा होते. आपल्याच पुराणातून चंद्राबद्दल अनेक कथा, आख्यायिका सांगितलेल्या आहेत. चंद्रावर ससा आहे ही गोष्टही आपण शाळेत वाचलेली असते. अशा या चंद्राबद्दल सामान्य माणसांइतकेच शास्त्रज्ञांनाही कुतूहल वाटत आलेले आहे. याचे कारण पृथ्वीच्या सर्वांत जवळ असलेली चंद्र ही नैसर्गिक अवकाशस्थ वस्तू आहे. २० जुलै १९६९ मध्ये नील आर्मस्ट्राँगने या पृथ्वीच्या उपग्रहावर प्रथम पाय ठेवला.

असा हा पृथ्वीचा उपग्रह पृथ्वीपासून ३,८४,४०० कि. मी. दूर आहे. चंद्र पृथ्वीभोवती २९ दिवस, १२ तास नि ४३ मिनिटांत एक प्रदक्षिणा पूर्ण करतो. आपल्याला चंद्राची एकच बाजू नेहमी दिसते. कारण त्याची स्वपरिभ्रमण गती आणि पृथ्वीभोवती फिरण्याची गती या जवळजवळ सारख्याच आहेत. चंद्रावर पडणारा सूर्यप्रकाश परावर्तित होऊन आपल्याला दिसतो म्हणून चंद्राला परप्रकाशी म्हटले जाते.

चंद्राच्या पृष्ठभागावर असंख्य विवरे आहेत. प्रचंड मोठी मैदाने आहेत. या मोठ्या मैदानांना आपण चंद्रावरचे डाग म्हणतो. चंद्रावरची विवरे उल्कापातामुळे तयार झालेली आहेत. चंद्रावर वातावरण नसल्याने चंद्राच्या दिशेने निघालेल्या उल्का चंद्रावर आपटतात, पृथ्वीवर येणाऱ्या उल्कांसारख्या जळून जात नाहीत.

अशा विवरांपैकी चंद्रावरच्या सर्वांत मोठ्या विवराचा व्यास २३२ कि. मी. आहे. आणि हे विवर अंदाजे ४०० मीटर खोल आहे.

चंद्रावरच्या खडकांची तपासणी करून शास्त्रज्ञांनी पुढील अनुमाने काढली आहेत : चंद्रावरचे दगड हे पृथ्वीवरच्या खडकांप्रमाणेच आहेत. पृथ्वीवरला बेसाल्ट खडक (महाराष्ट्रातला काळा खडक) आणि चंद्रावरला खडक यात फारसा फरक नाही व चंद्राचे वय पृथ्वीएवढेच आहे.

चंद्राचे गुरुत्वाकर्षण पृथ्वीच्या एक षष्ठांश असून त्याचा व्यास ३४७६ कि. मी. आहे.

ग्रहणे कशी होतात?

आपण एखादी गोष्ट जेव्हा बघत असतो, तेव्हा मध्येच अडथळा आला तर ती गोष्ट अडथळ्यावर अवलंबून आपल्याला कधी अर्धी तर कधी पूर्णपणे दिसेनाशी होते. तर काही वेळा आपण उभे असतो त्या जागेच्या नि दिव्याच्या मध्ये एखादी वस्तू आली तर आपल्याला दिवा दिसत नाहीच पण त्या वस्तूची आपल्या अंगावर

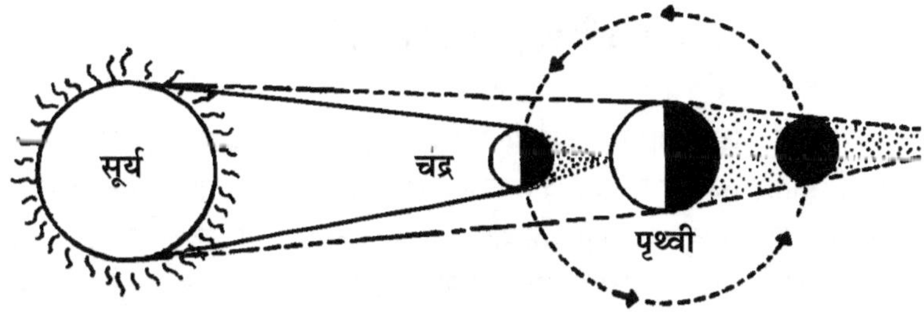

सावली पडते. ग्रहणे अशीच होत असतात.

सूर्याभोवती पृथ्वी फिरते. पृथ्वीभोवती चंद्र फिरतो. जेव्हा सूर्य, चंद्र आणि पृथ्वी असे एका सरळ रेषेत येतात, तेव्हा आपल्या दृष्टीने सूर्य झाकला जातो. यालाच आपण सूर्यग्रहण म्हणतो. याउलट जेव्हा सूर्य आणि चंद्र यांच्यामध्ये पृथ्वी येते तेव्हा पृथ्वीची सावली चंद्रावर पडते. याला चंद्रग्रहण असे म्हणतात.

पृथ्वीच्या भ्रमणकक्षेच्या पातळीशी चंद्राच्या भ्रमणकक्षेची पातळी समांतर नाही. यामुळे अशी परिस्थिती बऱ्याच कालांतराने येत असते. तसेच सूर्यग्रहण हे अमावास्येला नि चंद्रग्रहण नेहमी पौर्णिमेलाच होते हेही लक्षात ठेवायला हवे.

आपण चालू लागलो की चंद्र आपल्याबरोबर चालत असल्याचा भास आपल्याला का होतो?

आपण चालत असतो किंवा अगदी बसने किंवा रेल्वेने प्रवास करीत असलो तरी चंद्र आपल्याबरोबर प्रवासास येतो. तो आपल्या गाडीबरोबर चालत राहतो; तर याउलट झाडे, विहिरी, घरे, डोंगर हे मागे मागे पडतात. असे का होते ?

याचे कारण अगदी सोपे आहे. आपल्या डोळ्यांशी एखादी वस्तू जो कोन करते किंवा त्या वस्तूकडून येणारे प्रकाशकिरण जो कोन करतात त्यावरून आपण त्या वस्तूच्या स्थानाचा अंदाज घेत असतो. जवळच्या वस्तूशी होणारा कोन हा झपाट्याने बदलत जातो. यामुळे त्या वस्तूसापेक्ष आपली जागा पुढे सरकते, म्हणजेच त्या वस्तू मागे पडतात हे आपल्याला जाणवते. चंद्र आपल्यापासून ३,८४,४०० कि. मी. आहे. या तुलनेत आपण पाच-दहाच कशाला अगदी ४०-५० कि. मी. जरी गेलो तरी चंद्रकिरणांचा डोळ्यांशी होणारा कोन जाणवण्याइतका बदलत नाही. त्यामुळे चंद्र आपल्याबरोबर चालतोय असा आपल्याला भास होत राहतो.

राशी चक्र म्हणजे काय?

आकाशनिरीक्षण हा एक जुना मानवी छंद आहे. तसेच कुठल्याही अनोळखी गोष्टीला ओळखीच्या स्वरूपात बघायचा मानवी मन सतत प्रयत्न करीत असते. आकाशात असलेल्या ताऱ्यांना आकारबद्ध करायचे मानवी प्रयत्नही फार जुने आहेत. यातूनच बारा राशींची निर्मिती झाली. भारतीय ज्योतिषशास्त्रात या राशीतून जेव्हा चंद्र जातो म्हणजे चंद्राच्या परिभ्रमणात तो या राशीच्या तारकात स्थिरावला आहे असे वाटते. त्या काळात जन्मलेल्या मुलाची ती रास मानली जाते. याउलट पाश्चिमात्य ज्योतिषी चंद्राऐवजी सूर्याची मदत घेतात. त्यामुळे त्यांचा फायदा हा होतो की सूर्य हा ठराविक दिवशी ठराविक राशीतच असतो. त्यामुळे ज्योतिषांना सारेच गणित सोपे जाते. प्रत्येक रास आकाशातली ३० अंश जागा व्यापते. या १२ राशी अशा -Aries-मेष, Taurus- वृषभ, Gemini- मिथुन, Cancer- कर्क, Leo-सिंह, Virgin-कन्या, Libra-तूळ, Scorpio-वृश्चिक, Saggitarius-धनु, Capricorn-मकर, Aquarius-कुंभ, Pisces-मीन.

आता खरे तर अशा ८८ राशी आपल्याला माहीत आहेत, पण त्यांचा ज्योतिषशास्त्रीय राशीत समावेश केला जात नाही.

सूर्य आणि ग्रहमाला कसे अस्तित्वात आले?

सूर्य आणि त्याची ग्रहमाला म्हणजे आपला सूर्य नि त्याच्याभोवती फिरणारे नऊ ग्रह आणि या ग्रहांचे उपग्रह आणि उल्कांच्या पट्ट्यातल्या हजार दोन हजार उल्का, हे सर्व आपल्या सूर्याचे कुटुंब मानले जाते.

सूर्याच्या गुरुत्वाकर्षणामुळे हे सर्व ग्रह सूर्याभोवती एकाच दिशेने फिरतात. यामुळे सर्व कुटुंबाचा जन्म एकाच पद्धतीने एकाच वेळी झाला असावा असा शास्त्रज्ञांचा तर्क आहे. सूर्य आणि त्याच्या ग्रहमालेच्या निर्मितीबद्दल प्रामुख्याने दोन सिद्धांत मांडले जातात. एका सिद्धांताप्रमाणे आपला सूर्य बाल्यावस्थेत असताना दुसरा एक तारा सूर्यावर आदळला किंवा त्याच्या अगदी जवळून गेला. यामुळे सूर्याचे जे तुकडे उडाले किंवा बाहेर ओढले गेले त्यामुळे ग्रहमाला तयार झाली. हा सिद्धांत आजकाल मागे पडत चालला आहे.

दुसऱ्या सिद्धांताप्रमाणे आपल्या सूर्यमालेचा जन्म वैश्विक धुळीच्या प्रचंड मोठ्या ढगातून झाला. गुरुत्वाकर्षणामुळे हा ढग आक्रसला गेला आणि त्या ढगाचा आकार धुळीच्या तबकडीसारखा झाला. या तबकडीची नंतर, मध्ये बहुतेक सर्व वस्तुमान असलेला एक गोळा आणि उरलेल्या थोड्याशा वस्तुमानाची या गोळ्याभोवती फिरणारी कडी, अशी विभागणी झाली. मधल्या गोळ्यात या ढगाचे ९० टक्के

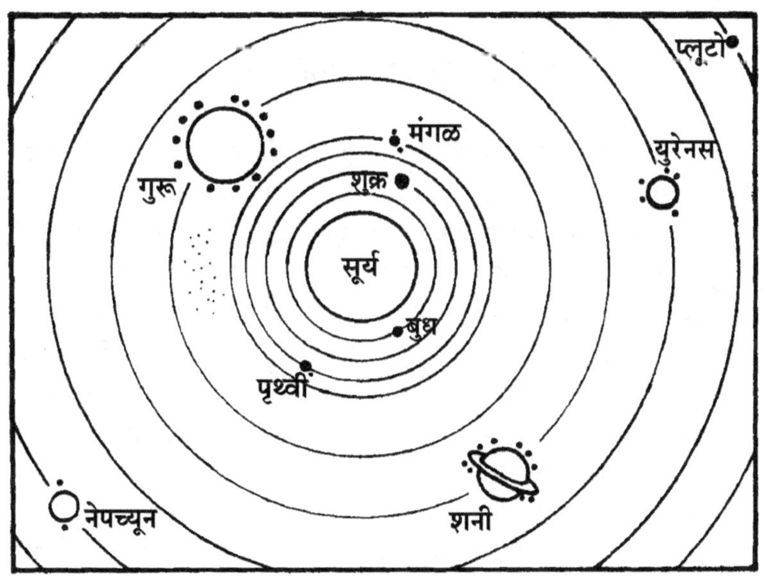

वस्तुमान सामावलेले होते. याचाच पुढे सूर्य झाला; आणि त्याभोवती फिरणाऱ्या कड्यांचे हळूहळू ग्रह झाले. हा सिद्धांत इ. स. १७९६ मध्ये फ्रेंच खगोलशास्त्रज्ञ पियेर सिमॉन लाप्लास याने प्रथम मांडला. यात थोडेफार फेरफार व सुधारणा करून हा सिद्धांत आता सर्वमान्य होत चालला आहे.

सूर्याची व्याप्ती केवढी आहे?

अवकाशात जे हजारो तारे विखुरलेले आहेत त्यांपैकी एक मध्यम प्रतीचा तारा म्हणजे आपला सूर्य. तो आपल्या ग्रहमालेचे केंद्र आहे. तो पृथ्वीपासून १५ कोटी कि. मी. अंतरावर आहे. त्याचा व्यास १३,९२,००० कि. मी. आहे. सूर्य पृथ्वीच्या १३ लक्ष पट मोठा आहे. पण आकाराने इतका मोठा असूनही सूर्याचे वजन त्यामानाने कमी म्हणजे पृथ्वीच्या ३॥ लक्ष पट जास्त आहे. याचे कारण सूर्य हा तप्त वायूचा गोळा आहे.

सूर्य स्वतःच्या अक्षाभोवती फिरतो. तसेच तो आपल्या आकाशगंगेबरोबरही फिरतो. सूर्याच्या गाभ्याचे तापमान १ कोटी ५ लक्ष सेल्सियस एवढे असले तरी त्याच्या दीप्तिगोलाचे तापमान ६०००° से. एवढेच आहे. (सूर्याच्या सर्वांत बाहेरच्या भागाला दीप्तिगोल म्हणतात.) त्याबाहेर सूर्याची आभा असते. त्यात सौरशिखा नि सौरडाग असतात.

सूर्याची ग्रहमाला केवढी आहे?

सूर्याची ग्रहमाला किंवा सूर्याचं कुटुंब यात सूर्याशिवाय इतर नऊ ग्रह आहेत. सूर्याच्या सर्वांत जवळचा ग्रह म्हणजे बुध तर सर्वांत लांबचा ग्रह प्लुटो.

बुध, शुक्र, पृथ्वी, मंगळ, गुरू, शनी, युरेनस, नेपच्युन, प्लुटो हे सूर्याभोवती फिरणारे ग्रह याशिवाय मंगळ आणि गुरू यांच्यामध्ये उल्का पट्टा आहे.

बुध- हा ग्रहमालेतला सर्वांत छोटा ग्रह. तो सूर्याभोवती ८८ दिवसांत एक प्रदक्षिणा पूर्ण करतो. हे ८८ दिवस पृथ्वीवरचे. बुधाला स्वतःभोवती प्रदक्षिणा करायला तेवढाच काळ लागतो. म्हणजे बुधाचा दिवस आणि वर्ष यांचा कालावधी सारखाच असतो. तो सूर्यापासून ५ कोटी ७६ लक्ष कि.मी. अंतरावर असल्यामुळे त्याच्या पृष्ठभागावर पाणी नाही.

शुक्र- हा पृथ्वीच्या सर्वांत जवळचा ग्रह. याला पृथ्वीची 'जुळी बहीण' असे पाश्चात्त्य देशांत मानले जाते. ती पाश्चात्त्यांची सौंदर्यदेवता आहे. शुक्राला सूर्याभोवती एक फेरी मारण्यास २२४ दिवस तर स्वतःभोवती फिरायला ३० दिवस लागतात.

पृथ्वी- आपल्या सौरग्रहमालेत सजीवांचं अस्तित्व असलेला हा एकमेव ग्रह. तो सूर्यापासून १५ कोटी किं.मी.वर आहे. त्याचे वर्ष ३६५.५ दिवसांचे तर दिवस २४ तासांचा आहे.

मंगळ- हा ग्रह पृथ्वीवरून तांबूस दिसतो. सूर्याभोवती प्रदक्षिणा करायला त्याला ६८७ दिवस लागतात तर त्याचा दिवस जवळजवळ पृथ्वीएवढाच म्हणजे २४ तास ३७ मिनिटांचा आहे. याला चंद्र आहेत.

गुरू- सौर कुटुंबातील हा सर्वांत मोठा ग्रह. सूर्यापासून जवळजवळ ८० कोटी कि. मी. दूर असलेल्या या ग्रहास भरपूर चंद्र आहेत. स्वतःभोवती ९ तास ५० मिनिटांत फिरणारा गुरू सूर्याभोवती प्रदक्षिणा करण्यासाठी १२ वर्षे घेतो.

शनी- सूर्यापासून १६० कोटी कि.मी.पेक्षा दूर असलेला हा ग्रह सूर्याभोवती प्रदक्षिणा करायला २९॥ वर्षे लावतो. याच्याभोवती कडी आहेत.

युरेनस- याला पूर्वी हर्षल या संशोधकाच्या नावाने संबोधण्यात येत असे. याच्याभोवतीही शनीप्रमाणे कडी आहेत. हा सूर्यापासून अंदाजे २२५ कोटी कि. मी. दूर आहे. सूर्याभोवती एक प्रदक्षिणा पूर्ण करण्यास याला ८४ वर्षे लागतात.

नेपच्यून- स्वतःभोवती १६ तासांत प्रदक्षिणा करणाऱ्या या ग्रहाचे स्वतःचे एक वर्ष पृथ्वीवरच्या १६५ वर्षांइतके मोठे आहे. तो सूर्यापासून ३५० कोटी कि. मी. पेक्षा अधिक दूर आहे.

प्लुटो- हा सूर्यापासून सर्वांत दूर असलेला ग्रह. तो सूर्याभोवती २४७.७ वर्षांत एक प्रदक्षिणा पूर्ण करतो आणि त्याचा दिवस १५३ तासांचा असतो. तो सूर्यापासून ५०० कोटी कि. मी. अंतरावर आहे.

प्लुटो सोडल्यास पृथ्वी ते नेपच्यूनपर्यंत सर्वच ग्रहांभोवती उपग्रह आहेत. अमेरिकन एक्सप्लोरर यानांमुळे आणि हबल दूरदर्शीमुळे याबद्दल जी नवनवी

माहिती आली आहे त्यामुळे गुरू आणि त्या पलीकडच्या ग्रहांच्या उपग्रहांची संख्या आणि नावे हळूहळू निश्चित करण्यात येत आहेत.

तारे आपल्यापासून किती दूर असतात?

आपल्याला आकाशात तारे दिसतात. ते आपल्या सूर्याप्रमाणेच कमीअधिक आकार असलेले तप्त वायूंचे गोळे असतात, हे आपल्याला ठाऊक आहेच. यांतले काही तारे बरेच तेजस्वी असतात तर काही अगदी अंधुकसे दिसतात.

या ताऱ्यांचे आपल्यापासूनचे अंतर प्रकाशवर्षात मोजले जाते. एक प्रकाशवर्ष म्हणजे प्रकाशाने एका वर्षात दर सेकंदास **तीन लक्ष कि. मी.** या वेगाने काटलेले अंतर. पृथ्वीच्या सर्वांत जवळचा तारा म्हणजे 'प्रॉक्झिमा सेंटॉरी' हा ४.२८ प्रकाशवर्षे दूर आहे तर अल्फासेंटॉरी हा दुसरा तारा ४.३७ प्रकाशवर्षे दूर आहे.

नुसत्या डोळ्यांनी ८० लक्ष प्रकाशवर्षे दूर असलेले तारे आपण बघू शकतो, तर दूरदर्शींच्या सहाय्याने आपण याहीपलीकडचे तारे पाहू शकतो.

यांतले काही तारे जास्त प्रकाशमान असतात तर काही कमी. हे जसे तो तारा आपल्यापासून किती दूर आहे यावर अवलंबून असते, त्याचप्रमाणे त्या ताऱ्याच्या तापमानावरही अवलंबून असते. या तापमानावर अवलंबून त्या ताऱ्यांचे रंगही बदलतात. लाल किंवा नारिंगी रंगाच्या ताऱ्यांचे तापमान पिवळ्या, हिरव्या, ताऱ्यांपेक्षा खूपच कमी असते.

आपला सूर्य पिवळा तारा आहे. त्याच्या पृष्ठभागाचे तापमान ६०००° से. आहे.

धूमकेतू म्हणजे काय?

इ. स. १९८६ मध्ये हॅलीचा धूमकेतू दिसला. याचा अभ्यास करण्यासाठी अवकाशयाने पाठविण्यात आली. हा धूमकेतू दर ७६ वर्षांनी दिसतो. या आधी इ.स. १९१० मध्ये तो पृथ्वीजवळ आला होता. एडमंड हॅली या ब्रिटिश शास्त्रज्ञाने इ. स. १६८२ मध्ये प्रथम या धूमकेतूचा अभ्यास केला. यामुळे या धूमकेतूस हॅलीचा धूमकेतू असे नाव देण्यात आले. या आधी १९७५ साली कोहूटेकचा धूमकेतू पृथ्वीजवळ आला होता. दरवर्षी असे धूमकेतू शास्त्रज्ञ शोधून काढतात. यांतले काही सूर्याजवळ पोहोचले की, सूर्य ते गिळून टाकतो.

हे धूमकेतू वैश्विक धुळीचे, हिमकणांचे बनलेले असतात. त्यांचे केंद्र सूर्याकडे व शेंडी सूर्याच्या विरुद्ध दिशेला असते. हा सौरवाऱ्यांचा परिणाम. या शेंडीमुळे मराठीत धूमकेतूंना 'शेंडे नक्षत्र' असेही म्हणतात.

परग्रहांवर जीवसृष्टी आहे काय?

जरी परग्रहांवर सजीव असल्याचा आजमितीस आपल्याला कोणताही भरीव पुरावा मिळाला नसला तरी आता परग्रहांवर जीवसृष्टी असणार ही सर्व शास्त्रज्ञांना मान्य झालेली गोष्ट आहे. अशी सजीवसृष्टी आपल्या सूर्याच्या ग्रहमालेत फक्त पृथ्वीवरच आहे. इतर ग्रहांवर नाही हेही तितकेच खरे आहे.

विजेचा शोध कसा लागला?

आज ५ मिनिटे वीज गेली तरी आपण अस्वस्थ होतो. पंखे, फ्रीज, रेडियो, टी. व्ही., आगगाड्या आदी गोष्टी विजेवर चालतात. अलेझांड्रो व्होल्टाने विजेच्या निर्मितीचा शोध लावला. तत्पूर्वी अँबर मखमलीवर घासल की, वीज निर्माण होते हे ग्रीकांना इ. स. पूर्व ६०० पासून माहीत होते. व्होल्टाने पहिला विद्युतनिर्मितीचा घट तयार केला. व्होल्टाच्या घटात जस्ताची दांडी आणि तांब्याचा पत्रा सल्फ्युरीक आम्लाच्या सौम्य द्रवात बुडवलेली असायची. या दोन धातूच्या तुकड्यांना तारेने

जोडले की विद्युतप्रवाह सुरू व्हायचा. यानंतर हळूहळू चुंबकीय प्रक्रिया, उष्णता, प्रकाश, रासायनिक प्रक्रिया यांचा नि विजेचा संबंध शास्त्रज्ञांच्या लक्षात येऊ लागला. इ. स. १८३१ मध्ये मायकेल फॅरेडेने तांब्याच्या तारेच्या वेटोळ्यातून चुंबक फिरवला की वेटोळ्यात वीज तयार होते हे दाखवून दिले. याला विद्युत चुंबकीय प्रवर्तन असे म्हणतात. यातूनच पुढे विद्युत चुंबकीय जनित्रांची निर्मिती झाली.

१८५८ मध्ये पहिला जलविद्युत प्रकल्प अमेरिकेत अस्तित्वात आला. यात पडणाऱ्या पाण्याच्या सहाय्याने जनित्रे फिरवून विद्युतनिर्मिती करण्यात येत होती. आता जलविद्युत प्रकल्पाबरोबरच सौर ऊर्जेच्या सहाय्याने विद्युतनिर्मिती, अणुविद्युतप्रकल्प, लाटांच्या ऊर्जेचा उपयोग करून विद्युतनिर्मिती असे वीजनिर्मितीचे अनेक प्रकार अस्तित्वात आले आहेत.

सायकलचा शोध कधी लागला?

मानवी इतिहासात चाकाचा शोध हा एक क्रांतिकारक शोध ठरलेला आहे. या चाकावरच पुढे अनेक वाहने चालली. यात आज सर्वसामान्यांचे वाहन म्हणून प्रसिद्ध असलेल्या सायकलचाही समावेश आहे. इ. स. १८१७ मध्ये बॅरन फॉन ट्रायस या जर्मन संशोधकाने पहिली सायकल तयार केली. या सायकलीला दोन चाके होती. ही चाके एका लाकडी दांडक्याने जोडलेली होती. या वाहनाचा उपयोग करणारी व्यक्ती या दांड्यावर बसून पायाने सायकल ढकलत असे. ही सायकल फार महाग होती. इ. स. १८४० मध्ये मॅकमिलनने या सायकलीत काही सुधारणा केल्या. मुख्य म्हणजे त्याने या दुचाकीस मागच्या चाकाला पायटी बसवली.

इ. स. १८६५ मध्ये फ्रान्समधल्या लाले-मॉ या संशोधकाने पुढच्या चाकास पायटी असलेली एक नव्या पद्धतीची सायकल बनवली. या सायकलीची चाके पोलादी होती. या सायकलवर हाडे अतिशय खिळखिळी होण्याइतके धक्के बसत म्हणून विनोदाने या सायकलीस 'हाडमोडी' हे नाव देण्यात आले होते. याच सुमारास सायकलच्या पुढच्या चाकाचा आकार वाढवल्यास सायकलचा वेग वाढेल हे लक्षात येऊन पुढचे चाक अतिशय मोठे असलेल्या सायकली अस्तित्वात आल्या. या सायकलीवर तोल सावरणे अवघड असे. इ. स. १८६५ मध्ये आजच्यासारखी सायकल अस्तित्वात आली. पुढे सायकलला रबरी धावा बसवण्यात आल्या आणि ते गरिबांचे वाहन बनले.

आगगाडी केव्हा सुरू झाली?

आज आगगाडीचे अस्तित्व आपण गृहीत धरून चालतो. आगगाडीला जगभर सामान्य माणसाच्या दृष्टीने महत्त्वाचे स्थान आहे. याचे महत्त्वाचे कारण म्हणजे ते प्रवासाचे स्वस्त पण चांगले असे साधन आहे. याशिवाय आणि याहीपेक्षा महत्त्वाची गोष्ट म्हणजे मालवाहू आगगाड्या ज्यांना आपण मालगाड्या म्हणतो, अशा गाड्या दरवर्षी लक्षावधी टनाच्या जीवनावश्यक वस्तू हव्या तिथे पोहोचवत असतात.

इ. स. १७६५ मध्ये जेम्स वॅटने वाफेच्या इंजिनात सुधारणा केल्यावर इ. स. १८०३ मध्ये रॉबर्ट फुल्टनने बाष्पशक्तीवर चालणारे जहाज तयार केले. इ. स. १८२० मध्ये जॉर्ज स्टीफनसनने इंग्लंडमध्ये वाफेवर चालणारे पहिले आगगाडीचे इंजिन तयार केले. हे इंजिन तो स्वतःच चालवायचा. इ. स. १८२५ मध्ये पहिली वाफेची प्रवासी मालवाहतूक करणारी गाडी सुरू झाली. १९१२ मध्ये डिझेल इंजिन अस्तित्वात आले. इ. स. १८९३ मध्येच विद्युत इंजिन चालवण्यात आले असले तरी त्याचा वापर खूप उशिरा सुरू झाला.

आज जपानमध्ये ताशी ४५० कि. मी. वेगाने पळणारी गाडी अस्तित्वात आली आहे. तिला बुलेट ट्रेन म्हणतात.

रणगाड्याचा शोध केव्हा लागला?

रणगाड्याचा शोध केव्हा लागला हे ठरवणे तसे जरा अवघडच आहे. पुरातनकाळात जेव्हा रथातून लढाया होत तेव्हापासून लढाईचे चालते वाहन बळकट करायचे प्रयत्न चालू होते. लिओ-नार्दो-दा व्हिन्सीच्या रेखाटनात माणसाभोवती

चाके असलेले चिलखती आवरण दाखवण्यात आले आहे.

जे. कोवान या इंग्लिश माणसाने वाफेवर चालणारे लढाऊ वाहन प्रथम तयार केले पण पाणबुडीप्रमाणेच इ. स. १९०० नंतरच रणगाड्यात सुधारणा होऊ लागली याचे कारण मोटार उद्योगातील प्रगती. जॉन फौलर कंपनीने इ. स. १९०० मध्ये पहिला आधुनिक रणगाडा बनवला असे म्हणायला हरकत नाही. हा वाफेवर चालायचा.

पहिल्या महायुद्धात रणगाड्यांची प्रचंड प्रगती झाली. बेल्जियम, फ्रान्स आणि इंग्लंड यांनी या युद्धात भाग घेतला होता.

दुसऱ्या महायुद्धात जर्मनीने युद्ध जिंकण्यासाठी रणगाड्याचा उपयोग कसा करायचा ते जगाला शिकवले. विशेषत: फील्ड मार्शल रोमेलने रणगाड्यांच्या सहाय्याने असंख्य पराक्रम गाजवले.

यानंतर भारत-पाकिस्तान व इस्रायल-अरब युद्धातून रणगाड्यांचा मोठ्या प्रमाणावर वापर करण्यात आला. आज कुठल्याही प्रकारच्या भूभागावर चालणारे, रात्री बघू शकणारे (उपारुण किरणांचा व लेझर किरणांचा वापर करून अंधारात शत्रूचा वेध घेणारे) आणि क्षेपणास्त्रे सोडणारे रणगाडे अस्तित्वात आहेत.

पाणबुडीचा शोध कुणी लावला?

पाणबुडीचा वापर सम्राट सिकंदराने केल्याचे उल्लेख आहेत. या नंतर लिओ-नार्दो-दा व्हिन्सीने पाणबुडीच्या सहाय्याने शत्रूंच्या बोटीच्या तळाला भोक पाडण्याचे तंत्र कसे अमलात आणावे याबद्दल आपल्या टिपणात बरीच माहिती तपशीलवार व रेखाटनासह लिहिलेली आहे.

कॉर्नेलियस क्वान ड्रेबेल या डच माणसाने आधुनिक पाणबुडीची पूर्वज मानता येईल अशी पाणबुडी इ. स. १६२० मध्ये तयार केली. ही पाणबुडी लाकडी असून त्यावर चामड्याचे आवरण होते. ही पाण्याखाली ४-५ मीटर खोल जायची.

इ. स. १८८० मध्ये वाफेच्या इंजिनावर चालणारी पाणबुडी बांधण्यात आली. पहिल्या व दुसऱ्या महायुद्धात पाणबुड्यांनी महत्त्वाची कामगिरी बजावली. दुसऱ्या महायुद्धात डिझेलवर चालणाऱ्या पाणबुड्यांचा वापर झाला. आता तर अणुशक्तीवर चालणाऱ्या पाणबुड्या अस्तित्वात आल्या आहेत. आधुनिक पाणबुड्या पोलादी असतात. त्यांना पाण्याखाली राहून सागरावर बघता येते. त्याच्यावर शत्रूला शोधायची सोनार, रडार अशी साधने असतात. त्या शहरे बेचिराख करतील अशी अण्वस्त्रे सोडू शकतात.

बलून्स हवेत कशी उडतात?

फुगे उडवणे, फोडणे हा पाश्चात्त्यांकडून आपण घेतलेला, आनंद व्यक्त करायचा प्रकार. पण हे झाले रबरी फुगे. हवामानखाते हवामानाचा अंदाज घेण्यासाठी रेशमी मोठमोठे फुगे सोडते. यांना संशोधन फुगे किंवा बलून्स म्हणण्यात येते. या बलूनच्या सहाय्याने दूरदूर प्रवासही करता येतो. त्यासाठी बलूनच्या खालच्या बाजूस वजनाने हलक्या लाकडाची किंवा धातूची खोली बांधतात.

या बलून्समध्ये हवेपेक्षा हलका असा वायू भरण्यात येतो. पूर्वी बलून मध्ये हायड्रोजन वायू भरत असत, पण तो ज्वालाग्राही असल्यामुळे त्यात धोका असे. पुढे हेलियम हा निष्क्रिय वायू या बलुनातून भरण्यात येऊ लागला. आकाशात

झेपावण्याचे मानवी स्वप्न काही अंशी बलूननीच प्रथम पूर्ण केले.

इ. स. १७८३ मध्ये माँतगोल्फियर बंधूंनी पॅरिसजवळ एक बलून उडवले. त्यांचे पहिले बलून २ १/२ कि. मी. उंचीवर पोचले. १९ सप्टेंबर १७८३ मध्ये त्यांनी आपल्या बलूनखाली एक टोपली अडकवली. या टोपलीतून एक कोंबडा, एक बदक आणि एक मेंढी अशा तऱ्हेने पहिले उड्डाणवीर ठरले. २१ नोव्हेंबर १७८३ मध्ये पहिली मानवी तुकडी बलूनमधून आकाशात गेली.

अजूनही हवामान शास्त्रीय प्रयोगात बलून्स वापरली जातात. बलूनमधून पृथ्वीची प्रदक्षिणा करायचा प्रयत्नही आता यशस्वी झाला आहे.

रेडियोचा शोध कसा लागला?

दूरदूरच्या ठिकाणच्या बातम्या आपल्यापर्यंत पोहोचवायचे काम रेडियो करत असतो. मग तो पाकिस्तानातला क्रिकेटचा सामना असो की ऑस्ट्रेलियातला हॉकीचा सामना असो. आपण घरात बसून रेडियोवर त्यांचे धावते वर्णन ऐकू शकतो.

मराठीत नभोवाणी आणि रेडियो हे दोन्ही शब्द वापरले जातात. आकाशवाणी हे भारतीय सरकारी मालकीच्या नभोवाणीचं विशिष्ट नाव आहे.

रेडियोच्या शोधाचा जनक म्हणून बरेचदा गुग्लीएल्मो मार्कोनीचे नाव घेतले जाते. पण खरे तर रेडियोचा शोध ही कुणा एका माणसाची मक्तेदारी होऊ शकत नाही. हाइन्‌रिश हर्ट्झ हा जर्मन, गुग्लिएल्मो मार्कोनी हा इटालियन आणि ली द फॉरेस्ट हा अमेरिकन तंत्रज्ञ हे तिघे रेडियोचे निर्माते असे म्हणायला हरकत नाही.

एकोणिसाव्या शतकाच्या सुरुवातीस मायकेल फॅरेडे या ब्रिटिश शास्त्रज्ञाने तारेतून विजेचा प्रवाह जाताच तारेभोवती चुंबकीय क्षेत्र निर्माण होते, हे प्रथम दाखवून दिले. या प्रयोगातून विद्युतचुंबकीय लहरींचा शोध लागला. हर्ट्झने या लहरींचा अभ्यास केला आणि त्यांचे स्वरूप उघडकीस आणले. मार्कोनीने पहिल्या बेतार यंत्रणेची निर्मिती केली, तर इ. स. १९०४ मध्ये सर जॉन अँब्रोज फ्लेमिंग याने द्विप्रस्थी विद्युतझडप (Diode Valve) शोधली. इ. स. १९०६ मध्ये ली. द. फॉरेस्टने त्रिप्रस्थ (Triode) तयार केला. इ. स. १९१० पर्यंत रेडियोलहरी प्रक्षेपक (Transmitter) आणि रेडियोलहरी ग्राहक हे दोन्हीही अस्तित्वात आले. आपण ज्याला रेडियो म्हणतो तो किंवा आता ट्रांझिस्टर म्हणतो तो हे दोन्ही रेडियोलहरी ग्राहक असतात.

आपण जेव्हा रेडियो स्टेशनवरील स्टुडियोत बोलतो तेव्हा त्या बोलण्याचे विद्युत चुंबकीय लहरीत रूपांतर केले जाते. या लहरी प्रक्षेपकाद्वारा आकाशात

पसरतात त्या वेळी त्या खास वेगवान लहरींवर आरूढ झालेल्या असतात. त्या आकाशकामार्फत (Ariel) रेडियोलहरी ग्राहकात येतात. तिथे त्रिप्रस्थी झडपा किंवा ट्रांझिस्टर स्फटिकांच्या सहाय्याने त्यांचे वर्धन होते आणि त्याच बरोबर पुन्हा खास यंत्रणेद्वारा शब्दात रूपांतर होते.

संगणक (कॉप्युटर) कसा निर्माण झाला?

आजचे युग हे संगणकांचे आहे असे म्हटले जाते. गेल्या काही दिवसांत इलेक्ट्रॉनिक्सच्या क्षेत्रात इतकी झपाट्याने प्रगती होत आहे की, बोलायची सोय नाही. त्यातल्या त्यात संगणकांचा तर इतक्या झपाट्याने प्रसार होत आहे आणि त्यात जे रोजच्या रोज प्रचंड बदल होताहेत त्यावर विश्वास ठेवणे अवघड आहे.

संगणक करू शकत नाही अशी गोष्ट आज शिल्लक नाही. संगणक डॉक्टरापासून अभियंत्यापर्यंत सर्व कामे करतो.

संगणकांचा जनक म्हणून चार्लस् बॅबेज हा ओळखला जातो. लॉर्ड बायरन या विख्यात आंग्ल कवीची बहीण अॅडा बायरन हिनेही संगणकनिर्मितीत मोलाची भर टाकलेली आहे.

आधुनिक संगणकात नाव घेण्यासारखा मोठा संगणक अमेरिकेत हार्वर्ड विद्यापीठात १९४४ साली निर्माण करण्यात आला. 'इंटरनॅशनल बिझिनेस मशिन्स' या व्यापारी संस्थेने हा संगणक तयार करण्यासाठी आर्थिक मदत केली होती.

ट्रांझिस्टरच्या शोधानंतर कॉप्युटरच्या आकारात क्रांती झाली. आता घड्याळात ठेवता येतील अशी गणकयंत्रे (कॅल्क्युलेटर) तयार करण्यात आली आहेत. तर कुठेही सहज नेता येतील असे लॅपटॉप संगणक उपलब्ध आहेत.

रडार म्हणजे काय व त्याचे कार्य कसे चालते?

Radio Detection and Ranging यातून रडार या शब्दाची निर्मिती झाली आहे. रडार हे आपल्या प्रत्यक्ष दृष्टीच्या टप्प्यात नसलेल्या गोष्टींची दिशा आणि अंतर शोधून काढत असते. जेव्हा धुके, पाऊस, ढग यांमुळे दृश्यमानता अगदी कमी असते, त्या वेळेस रडारची मदत होते. रडार हे प्रतिध्वनींच्या तत्त्वावर कार्य करत असते. अडथळ्याला आपटून ध्वनिलहरी परत येतात, हे आपल्याला ठाऊक आहेच. रेडिओलहरीसुद्धा अशा रीतीने परत येत असतात, हे इ. स. १९३० मध्ये शास्त्रज्ञांच्या लक्षात आले. यानंतर १९३५ मध्ये अमेरिकेत ५ रडार केंद्रांची स्थापना

करण्यात आली. दुसऱ्या महायुद्धात रडारची विमानांचा शोध घेण्यास आणि त्यावर अचूक मारगिरी करण्यास खूप मदत झाली. आता रडारच्या सहाय्याने विमानतळावर धुक्यात, पावसात विमान उतरवणे; अनोळखी प्रदेशांचे नकाशे तयार करणे; ढग, वादळे यांचा पत्ता लावणे अशा अनेक मानवी उपयोगाच्या गोष्टी तयार करण्यात येतात.

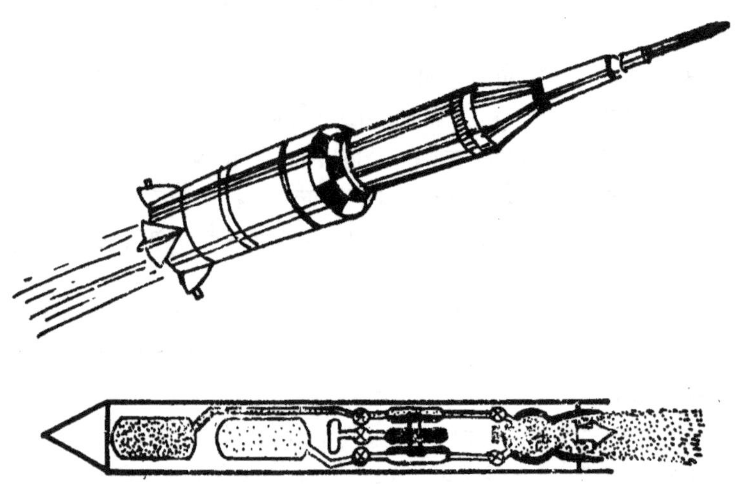

अशा या रडारचे कार्य कसे चालते? रडारमध्ये आपल्या रेडियोत वापरल्या जातात, त्याच लहरींचा वापर होतो. फक्त त्यांची वारंवारता (Frequency) अधिक असते. या लहरींचा वेग प्रकाशाएवढा असतो. रडार केंद्रातून रडारलहरी प्रक्षेपित केल्या जातात नि त्या परावर्तित होऊन परत यायला किती वेळ लागतो हे संगणकाच्या सहाय्याने ठरवले जाते. यामुळे अडथळ्याचा आकार, वेग आदी गोष्टी आपल्याला कळतात.

अग्निबाणांचा विकास कसकसा झाला?

आपण दिवाळीत सोडतो तो बाण, आपली अवकाशयाने अवकाशात नेऊन सोडणारे अग्निबाण किंवा क्षेपणास्त्रे या सर्वांत एकाच तत्त्वाचा वापर केलेला असतो. ते तत्त्व म्हणजे न्यूटनचा प्रख्यात तिसरा नियम. प्रत्येक क्रियेमुळे तेवढीच प्रतिक्रिया विरुद्ध दिशेस निर्माण होत असते. अग्निबाणात जळणारी इंधने या तत्त्वानुसार रॉकेटला पुढे ढकलतात.

चिनी लोकांनी प्रथम १३ व्या शतकात मंगोल आक्रमकांविरुद्ध अग्निबाण वापरले. त्यानंतर केवळ शोभेचे दारूकाम म्हणून हे अग्निबाण भारत, अरबस्थान आणि युरोपमध्ये पसरले. ब्रिटिशांविरुद्ध श्रीरंगपट्टणच्या लढाईत टिपू सुलतानाने अग्निबाण वापरल्याचा उल्लेख आहे. या लढाईत भाग घेणाऱ्या विल्यम काँग्रीव्ह याने मग इंग्लंडमध्ये गेल्यावर अग्निबाणांवर संशोधन केले आणि मग अग्निबाण नेपोलियनविरुद्ध वापरण्यात आले.

२० व्या शतकाच्या सुरुवातीस त्सिओल्कोव्स्की या रशियन आणि गोडार्ड या अमेरिकन शास्त्रज्ञांनी अग्निबाण संशोधनास वेग दिला. इ. स. १९२६ मध्ये गोडार्डनं पहिला अग्निबाण उडवला.

दुसऱ्या महायुद्धात हर्मन ओबेर्थ आणि वेर्नर फॉन ब्राऊन या दोघांनी V1 आणि V2 हे जर्मन अग्निबाण तयार करण्यास हातभार लावला. आता आपण अग्निबाणांच्या सहाय्याने खूप दूरचा पल्ला गाठला आहे.

टॉर्पेडो म्हणजे काय?

टॉर्पेडो म्हणजे सिगारेटच्या आकाराचे, पाण्यात शत्रूची जहाजे बुडवण्यासाठी पाणबुडीतून सोडायचे अस्त्र. ते अडथळ्यावर आपटताच स्फोट घडतो. रॉबर्ट व्हाईटहेड या ब्रिटिश अभियंत्याने इ. स. १८६६ मध्ये टॉर्पेडोचा शोध लावला. यानंतर टॉर्पेडोत खूप सुधारणा झाल्या, यामुळे टॉर्पेडोंची अचूकता वाढली. टॉर्पेडोचे साधारणतः तीन भाग असतात. पहिल्या भागात म्हणजे शेपटात स्फोटक द्रव्ये आणि त्यांचा स्फोट घडवून आणण्याची यंत्रणा असते. दुसऱ्या भागात दिशादेशन करणारी यंत्रणा असते. तर तिसऱ्या भागात म्हणजे नाकाडात प्रचंड दाबाखाली हवा भरलेली असते. या हवेमुळे टॉर्पेडो त्याच्या प्रवासात वेडावाकडा जात नाही. त्याला स्थैर्य प्राप्त होत असते. टॉर्पेडोला मराठीत पाणतीर असे म्हणतात.

'सिनेमा' किंवा 'चलत् चित्रपट' प्रथम कोणी निर्माण केले?

थॉमस अल्वा एडिसन याने जे अनेक शोध लावले त्यात सिनेमाचाही शोध आहे. इ. स. १८९३ मध्ये एडिसनने कायनेटोस्कोप नावाचे एक यंत्र बनवले. ही सिनेमाची सुरुवात. पहिला पूर्ण लांबीचा चित्रपट इ. स. १९०३ मध्ये निर्माण करण्यात आला. त्याचं नाव 'द ग्रेट ट्रेन रॉबरी.'

सुरुवातीला एडिसनच्या कायनेटोस्कोपमध्ये एक चित्रमालिका जोरात फिरवली

जायची. त्यात मग एखादी व्यक्ती पोहोचते आहे किंवा मुले पळताहेत अशा हालचाली दिसायच्या. अर्थातच यात विशेष सफाई नव्हती. एडिसनलाही आपल्या या संशोधनास फार महत्त्व प्राप्त होईल असे वाटत नव्हते.

पुढे १९२६ मध्ये कचकड्यांच्या पट्टीला यांत्रिकरीत्या फिरवताना या हालचालीशी आवाजाचा संबंध जोडता येतो हे यशस्वीरीत्या सिद्ध करण्यात आले नि मूकपटांचे बोलपट झाले. त्यात मग हळूहळू रंगीत फिल्मवर चित्रीकरण करण्यात येऊ लागले आणि या रंगीत बोलपटांनी मग जग जिंकलं. आता चित्रपट तंत्रात खूप सुधारणा झाली असून बहुतेक सर्व शहरांत ७० मि. मि. बोलपट दाखवण्याची सोय झाली आहे.

इ. स. १९१५ मध्ये पिट्सबर्ग इथे पहिला जाहीर चित्रपटाचा प्रयोग झाला. या काळात चित्रपट मुके होते.

दूरचित्रवाणीचा शोध कुणी लावला?

दूरचित्रवाणीचा शोध कुणा एका व्यक्तीने लावला असे म्हणणे योग्य नव्हे. इ. स. १८७१ मध्ये जॉर्ज कॅरी या अमेरिकनाच्या डोक्यात प्रथम ही कल्पना चमकली. इ. स. १८८० मध्ये डब्ल्यू. इ. सॉयर आणि मॉरिस लेब लेन या फ्रेंच तंत्रज्ञांनी दूरचित्रवाणीनिर्मितीचा प्रयोग केला. पॉल निपक्यू या जर्मन तंत्रज्ञाने इ. स. १८८४ मध्ये टी. व्ही. बनवला पण तो प्रयत्न फारसा यशस्वी झाला नव्हता. इ. स. १८९७ मध्ये जर्मनीत के. ब्रॉनने कॅथोड किंवा ऋण किरण नलिका बनवली. इ. स. १९०७ मध्ये बोरिस रोझिंगने या कॅथोड किरण नलिकेचा टी. व्ही. निर्मितीसाठी उपयोग होऊ शकेल हे सांगितले. अखेरीस जॉन लॉगी बेअर्ड या इंग्लिश शास्त्रज्ञाने यशस्वी टी. व्ही. प्रक्षेपण केले.

टंकलेखक (टाईपरायटर) केव्हा अस्तित्वात आला?

इ. स. १७८४ मध्ये अंधांसाठी उठावदार अक्षरे असलेले एक यंत्र फ्रान्समध्ये तयार करण्यात आले होते. याचा फायदा घेऊन इ. स. १८२९ मध्ये अमेरिकेत 'टायपोग्राफर' नावाचे यंत्र तयार करण्यात आले. इ. स. १८६७ मध्ये क्रिस्तोफ लॅथम शोल्स या अमेरिकनाने पहिले टंकलेखन यंत्र किंवा टंकलेखक तयार केला.

आता कुठेही बरोबर नेता येतील असे टंकलेखक; 'विद्युत टंकलेखक' बाजारात आले आहेत.

शिवणयंत्राचा शोध कसा लागला?

शिवणयंत्र माहीत नाही असा माणूस विरळाच. आपले कपडे शिवायला जसे शिवणयंत्र आवश्यक असते तसेच कातडी वस्तू तयार करण्यासाठी सुद्धा शिवणयंत्र वापरले जात असते.

इंग्लंडमधल्या थॉमस सेंट याने पहिले शिवणयंत्र तयार केले. तत्वत: ते बरोबर असले तरी त्यात बरेच दोष होते. इ. स. १८३० मध्ये बार्थेलोम्यू थिमोनियेने पहिले चांगले चालणारे शिवणयंत्र तयार केले. पण यामुळे आपला रोजगार जाईल या भीतीने फ्रेंच शिंप्यांनी हे यंत्र आणि अशी यंत्रे तयार करणारा कारखाना मोडून टाकून जाळला.

इ. स. १८५१ मध्ये आयझॅक सिंगर याने अमेरिकेत पहिले दोषरहित, चांगले चालणारे शिवणयंत्र तयार केले. त्याची सिंगर शिवण कंपनी आजही आदर्श शिवणयंत्रे तयार करते आहे.

जहाजे केव्हापासून अस्तित्वात आहेत?

जेव्हा आदिमानवाने पहिला ओंडका पाण्यावर तरंगताना बघितला, तेव्हाच पाण्यावर चालणाऱ्या वाहनाची कल्पना त्याच्या डोक्यात आली. भारतीय व्यापारी, प्रवासी आदी लोक जहाजांतून आग्नेय आशियात इ. स. पूर्व काळातच प्रवास करत होते. आजची आधुनिक जहाजे दोन प्रकारची आहेत. प्रवासी वाहतूक करणारी प्रासादतुल्य जहाजे नि लाखो टनांची मालवाहतूक करणारी जहाजे. यात तेलवाहू जहाजे नि इतर मालवाहू जहाजे यांचा समावेश होतो. या जहाजांवर मार्ग शोधणाऱ्या अत्याधुनिक यंत्रणा व हवामानाचा वेध घेणाऱ्या प्रयोगशाळा वगैरे गोष्टी असतात.

वाफेच्या इंजिनाचा शोध लागल्यावर शिडांची जहाजे मागे पडून जहाजांची झपाट्याने प्रगती झाली; त्यानंतर डिझेल इंजिने जहाजांमध्ये बसवण्यात येऊ लागली. तर आता अणुशक्तीवर चालणारी जहाजे वापरण्यात येऊ लागली आहेत.

टेलिफोनचे कार्य कसे चालते?

टेलिफोन अथवा दूरध्वनीच्या तत्त्वाचा शोध २ जून १८७५ या दिवशी अलेक्झांडर ग्रॅहॅम बेलने लावला. पहिला टेलिफोन १० मार्च १८७६ या दिवशी बेलने तयार केला.

दूरध्वनीचे कार्य नि आपल्या कानाचे कार्य यात फारसा फरक नाही. दूरध्वनीचे दोन प्रमुख भाग असतात. आपण जेव्हा दूरध्वनी यंत्रात बोलतो तेव्हा त्यात असलेल्या एका पडद्यावर आपण निर्माण केलेल्या ध्वनिलहरी आदळतात. यामुळे निर्माण होणाऱ्या कंपनावर अवलंबून योग्य त्या तीव्रतेच्या विद्युतप्रवाहात त्यांचे रूपांतर होत असते. ध्वनिलहरींचे विद्युतप्रवाहात रूपांतर झाले की या विद्युतलहरी तारेवाटे इच्छित स्थळी वाहून नेल्या जातात. तिथे त्या दुसऱ्या दूरध्वनीयंत्राच्या ग्राहकात प्रवेश करतात. इथे ध्वनिप्रक्षेपकांत जे घडले त्याच्या उलट प्रक्रिया होते. म्हणजे विद्युतलहरींचे पडद्यावर परिणाम होऊन त्यात कंपने निर्माण होतात. ती ऐकता यावीत म्हणून त्यांचे वर्धन केले जाते आणि आपण पलीकडचे बोलणे ऐकू शकतो.

छापखान्याची सुरुवात कशी झाली?

छपाईची सुरुवात होण्यापूर्वी माणसं हाताने ग्रंथ नकलून काढत असत. त्यामुळे पुस्तकाची एक प्रत तयार व्हायलाच दीर्घकाळ लागत असे. त्यामुळेच त्या काळात लेखन-वाचनाची व्हावी तशी प्रगती होऊ शकली नव्हती.

चीनमध्ये नवव्या शतकात लाकडावर उलटी अक्षरे खोदून किंवा धातूच्या पत्र्यावर अक्षरे खोदून छपाई करण्यात येऊ लागली. पंधराव्या शतकात जोहान गुटेनबर्गने जर्मनीत पहिला छापखाना चालू केला. यात खूप सुधारणा करून विल्यम कॉकस्टनने इ. स. १४७६ मध्ये एक मुद्रणशाळा चालू केली.

आजकाल बऱ्याच ठिकाणी संगणकाच्या सहाय्याने छपाई करण्यात येऊ लागली आहे. केवळ चार शतकांत छपाई कलेचा जगभर प्रसार झाला असून आज काही पुस्तकांच्या लक्षावधी प्रती निघू लागल्या आहेत.

■■